21世纪普通高等职业教育机械电子系列规划教材

液压与气压传动技术

主　编　董　霞　孙振强

副主编　王宜君　王宏元　黄仕彪

编　委　卜祥安　王宏元　王宜君

　　　　孙振强　李艳菲　胡才万

　　　　黄仕彪　董　霞

（编委排名以姓氏笔画为序）

同济大学 出版社

TONGJI UNIVERSITY PRESS

内 容 简 介

本书是按照我国高等职业技术学院机电类专业的教学需要而编写的,包括液压传动和气压传动两部分。全书共13章,主要内容包括:液压传动概论、液压流体力学基础、液压动力元件、液压执行元件、液压控制元件、液压辅助元件、液压基本回路、典型液压传动系统、气压传动基础、气动元件、气动基本回路、气动系统等。

本书注重基本概念与原理的讲解,强调理论知识的实际应用,突出应用能力和创新能力的培养。本书可作为高职高专机电类和近机电类专业的教学用书以及职工大学、函授学院、成人教育学院等机电类专业的教学用书,也可作为教师及企业相关工程技术人员的参考书。

图书在版编目(CIP)数据

液压与气压传动技术/董霞,孙振强主编.—上海:同济
大学出版社,2009.5(2013.8 重印)
ISBN 978-7-5608-3978-3

Ⅰ.液… Ⅱ.①董…②孙… Ⅲ.①液压传动-高等
学校:技术学校-教材②气压传动-高等学校:技术学
校-教材 Ⅳ.TH137 TH138

中国版本图书馆 CIP 数据核字(2009)第 038955 号

液压与气压传动技术

主 编 董 霞 孙振强
责任编辑 郁 峰   责任校对 徐春莲   封面设计 晨 宇 潘向蓁

出版发行	同济大学出版社 www.tongjipress.com.cn
	(地址:上海市四平路 1239 号 邮编:200092 电话:021-65985622)
经 销	全国各地新华书店
印 刷	同济大学印刷厂
开 本	787mm×1092mm 1/16
印 张	13.25
印 数	12 301—13 300
字 数	330 000
版 次	2009 年 5 月第 1 版 2013 年 8 月第 5 次印刷
书 号	ISBN 978-7-5608-3978-3

定 价 26.00 元

21世纪普通高等职业教育机械电子系列规划教材
编审委员会(第一批)

暨"普通高等职业教育机电专业
课程改革研究专家委员会"

总策划

张平官　宋　谨

总顾问/编委会主任

程大章(教育部高等学校高职高专机电设备技术类专业教学指导委员会委员)

编委会副主任(姓氏笔画为序)

马　彪　陈健巍　刘　骋　许立太　郭庆梁　艾小玲　耿海珍　康　力
张琳琳　张国庆　何克祥　万文龙　邵永录　董　霞　孙振强

编委会委员(以下排名不分先后)

王文魁　牛　鑫　王　华　葛东霞　纪利琴　周　华　李代席　董　勇
马红奎　余佑财　张智芳　葛广军　汤银忠　刁统山　李虹飞　王晓华
孙玉峰　卜祥安　孙玉芹　梁　健　薛颖操　贾　磊　姜　凌　江　华
张爱华　金　莹　郭佳俊　李景龙　窦　涛　石　玉　尚庆宝　江桂荣
吉　庆　许西惠　吴承恩　滕旭东　姜　芳　童宏永　项　东　李汉平
葛乐清　孙春霞　姚　群　王宜君　王宏元　黄仕彪　胡才万　李艳菲

21 世纪普通高等职业教育机械电子系列规划教材
参编院校名录（第一批）

武汉职业技术学院（国家示范性高职院校）

兰州石化职业技术学院（国家示范性高职院校）

吉林工业职业技术学院（国家示范性高职院校）

大庆职业学院（国家示范性高职院校）

徐州建筑职业技术学院（国家示范性高职院校）

永州职业技术学院（国家示范性高职院校）

河南职业技术学院（国家示范性高职院校）

陕西工业职业技术学院（国家示范性高职院校）

常州机电职业技术学院（中国机械工业教育协会高职中专分会理事单位）

南京铁道职业技术学院（中国职教学会轨道交通专委会高职教育研究会理事单位）

台州职业技术学院	济南职业学院
辽宁信息职业技术学院	江西工程职业学院
德州科技职业学院	盐城纺织职业技术学院
贵州电子信息职业技术学院	济源职业技术学院
山东胜利职业学院	咸宁职业技术学院
广州现代信息工程职业技术学院	贵州航天职业技术学院
济南工程职业技术学院	青岛滨海学院
抚顺职业技术学院	辽宁石油化工大学职业技术学院
连云港职业技术学院	商丘科技职业学院
咸阳职业技术学院	浙江工商职业技术学院
重庆城市职业学院	郑州工业安全职业学院
安徽新华学院	黑龙江工商职业技术学院
河南城建学院（原平顶山工学院）	永城职业学院
重庆交通科技职业学院	

前　言

　　高等职业技术教育培养的专业人才应具有工程实践能力,所用教材要着重于学生技术能力的培养。因此,从工程应用的角度出发,编写一本易懂、实用、有利于培养学生应用技能的教材,是本书作者的初衷。

　　全书包括液压传动和气压传动两部分共13章内容。本教材具有以下特点:

　　1. 内容适度,易懂。在内容取舍方面,一是把握了基础理论以必需和够用为度;二是力求在理论分析时,简化理论推导,注重分析方法、结论及其应用。

　　2. 注重实用性。为培养学生的动手能力和加强职业训练,本教材在相关章节增加了实训内容。通过实习、实训,一方面,使学生搞清楚结构图上难以表达的复杂结构和空间油路,加深对液压元件结构和工作原理的理解;另一方面,使学生感性地认识零件的材料、外形尺寸、零部件拆装方法等知识。此外,考虑到高职、高专学生毕业后主要从事技术应用工作,所以,本教材删除了传统教材中的"液压系统设计"的内容。

　　3. 各章均编写了小结和习题,以指导学生学习和巩固所学知识,培养学生分析问题和解决问题的能力。

　　4. 本书配有配套电子课件。该课件内容丰富,里面有大量图片、动画。使复杂内容变得形象生动,有利于教师教学和学生自学。

　　本书主要适合于高职、高专学生使用,也可作为工程技术人员参考用书。

　　本书主编为董霞、孙振强。参加编写的还有卜祥安、胡才万、黄仕彪、李艳菲、王宏元、王宜君等人。

　　由于编者水平有限,书中难免存在不足和错误之处,恳请广大读者批评指正。

编　者

2010 年 6 月

$Contents$ 目 录

前言

1 液压传动概述 ·· 1

1.1 液压传动组成 / 1

    1.1.1 液压传动的工作原理 / 1

    1.1.2 液压传动系统的组成 / 2

    1.1.3 液压传动系统图的图形符号 / 3

1.2 液压传动的优缺点 / 3

1.3 液压传动的应用 / 4

2 液压传动基础知识 ·· 6

2.1 液压传动工作介质 / 6

    2.1.1 液压油的主要性质 / 6

    2.1.2 液压油的选用 / 8

2.2 液体静力学基础 / 10

    2.2.1 液体的压力 / 10

    2.2.2 压力决定于负载原理 / 11

    2.2.3 液体对固体壁面的作用力 / 12

2.3 液体动力学 / 12

    2.3.1 基本概念 / 12

    2.3.2 流量连续性方程 / 15

    2.3.3 伯努利方程 / 15

    2.3.4 动量方程 / 17

2.4 液体流动时的压力损失 / 18

    2.4.1 沿程压力损失 / 18

2.4.2　局部压力损失 / 19

    2.4.3　管路系统的总压力损失 / 19

  2.5　小孔和缝隙流量 / 19

    2.5.1　小孔流量 / 20

    2.5.2　缝隙流量 / 20

  2.6　液压冲击和气穴现象 / 22

    2.6.1　液压冲击 / 22

    2.6.2　气穴现象 / 23

3　液压动力元件 ·· 25

  3.1　液压泵基本概念 / 25

    3.1.1　容积式液压泵的工作原理 / 25

    3.1.2　液压泵的主要性能参数 / 26

  3.2　齿轮泵 / 29

    3.2.1　外啮合齿轮泵的工作原理 / 29

    3.2.2　齿轮泵的结构 / 30

    3.2.3　齿轮泵的排量和流量计算 / 31

    3.2.4　齿轮泵存在的问题 / 31

    3.2.5　内啮合齿轮泵 / 33

  3.3　叶片泵 / 34

    3.3.1　单作用叶片泵 / 34

    3.3.2　双作用叶片泵 / 35

    3.3.3　限压式变量叶片泵 / 38

  3.4　柱塞泵 / 39

    3.4.1　径向柱塞泵 / 40

    3.4.2　轴向柱塞泵 / 41

  3.5　液压泵的选用 / 42

  3.6　液压泵拆装实训 / 43

4　液压执行元件 ·· 46

  4.1　液压马达 / 46

    4.1.1　液压马达的分类及特点 / 46

    4.1.2　液压马达的性能参数 / 47

    4.1.3　液压马达的工作原理 / 49

4.2 液压缸 / 50

    4.2.1 液压缸的类型和特点 / 51

    4.2.2 液压缸的典型结构和组成 / 55

4.3 液压马达和液压缸拆装实训 / 60

    4.3.1 液压马达的拆装实训 / 60

    4.3.2 液压缸的拆装实验 / 61

5 液压控制阀 ·· 63

5.1 液压控制阀概述 / 63

    5.1.1 液压控制阀的基本结构与原理 / 63

    5.1.2 液压控制阀的分类 / 63

    5.1.3 液压阀的性能参数 / 65

    5.1.4 对液压阀的基本要求 / 65

5.2 方向控制阀 / 65

    5.2.1 单向阀 / 65

    5.2.2 换向阀 / 66

5.3 压力控制阀 / 71

    5.3.1 溢流阀 / 71

    5.3.2 减压阀 / 74

    5.3.3 顺序阀 / 75

    5.3.4 压力继电器 / 77

5.4 流量控制阀 / 78

    5.4.1 流量控制阀的节流特性 / 78

    5.4.2 节流阀 / 80

    5.4.3 调速阀 / 80

5.5 新型控制阀 / 81

    5.5.1 电液比例阀 / 81

    5.5.2 插装阀 / 83

5.6 叠加阀 / 85

6 液压辅助元件 ·· 87

6.1 蓄能器 / 87

    6.1.1 蓄能器的类型和结构 / 87

    6.1.2 蓄能器的功用 / 88

    6.1.3 蓄能器的使用和安装 / 89

  6.2 滤油器 / 89

    6.2.1 滤油器的功用和基本要求 / 89

    6.2.2 滤油器的类型和结构 / 89

    6.2.3 滤油器的选用和安装 / 91

  6.3 油箱 / 92

    6.3.1 油箱的功用和结构 / 92

    6.3.2 设计时的注意事项 / 92

  6.4 油管和接头 / 93

    6.4.1 油管 / 93

    6.4.2 接头 / 94

  6.5 密封装置 / 96

    6.5.1 对密封装置的要求 / 96

    6.5.2 密封装置的类型和特点 / 96

7 液压基本回路 ·· 100

  7.1 方向控制回路 / 100

    7.1.1 换向回路 / 100

    7.1.2 锁紧回路 / 101

  7.2 压力控制回路 / 101

    7.2.1 调压回路 / 102

    7.2.2 减压回路 / 103

    7.2.3 增压回路 / 103

    7.2.4 卸荷回路 / 104

    7.2.5 保压回路 / 105

    7.2.6 平衡回路 / 106

  7.3 速度控制回路 / 107

    7.3.1 调速原理及分类 / 107

    7.3.2 快速运动回路 / 114

    7.3.3 速度换接回路 / 115

  7.4 多缸工作控制回路 / 116

    7.4.1 顺序动作回路 / 116

    7.4.2 同步回路 / 118

    7.4.3 多缸快慢速互不干扰回路 / 120

7.5　液压回路实验 / 120

　　7.5.1　液控单向阀的双向锁紧回路 / 120

　　7.5.2　二级压力控制回路 / 122

　　7.5.3　回油节流调速回路 / 123

8　典型液压系统 ································· **128**

8.1　组合机床动力滑台液压系统 / 129

　　8.1.1　概述 / 129

　　8.1.2　YT4543 型动力滑台液压系统的工作原理 / 130

　　8.1.3　YT4543 动力滑台液压系统的特点 / 131

8.2　M1432A 型万能外圆磨床液压系统 / 132

　　8.2.1　M1432A 型万能外圆磨床液压系统的功能 / 132

　　8.2.2　M1432A 型万能外圆磨床液压系统的工作原理 / 132

　　8.2.3　M1432A 型万能外圆磨床液压系统的特点 / 135

8.3　压力机液压系统 / 136

　　8.3.1　概述 / 136

　　8.3.2　3 150 kN 通用压力机液压系统工作原理 / 136

　　8.3.3　3 150 kN 通用压力机液压系统的特点 / 139

8.4　汽车起重机液压系统 / 140

　　8.4.1　概述 / 140

　　8.4.2　汽车起重机液压系统工作原理 / 140

　　8.4.3　汽车起重机液压系统的特点 / 144

9　气压传动基础知识 ······························· **147**

9.1　气压传动系统的组成及工作原理 / 147

9.2　气压传动的特点及应用 / 148

　　9.2.1　气压传动的特点 / 148

　　9.2.2　气动技术的应用和发展 / 149

9.3　空气的基本性质 / 150

　　9.3.1　空气的组成和性质 / 150

　　9.3.2　理想气体的状态方程 / 151

10　气源装置及辅助装置 ······························· 153

　　10.1　气源装置 / 153

　　　　10.1.1　气压发生装置 / 154

　　　　10.1.2　压缩空气的净化装置和设备 / 155

　　　　10.1.3　管道系统 / 156

　　　　10.1.4　气动三大件 / 156

　　10.2　气动辅件 / 157

　　　　10.2.1　消声器 / 157

　　　　10.2.2　管道连接件 / 158

11　气缸与气马达 ···································· 159

　　11.1　气缸 / 159

　　　　11.1.1　气缸的分类 / 159

　　　　11.1.2　普通气缸 / 159

　　　　11.1.3　特殊气缸 / 161

　　　　11.1.4　气缸的选用 / 163

　　11.2　气马达 / 164

12　气动控制元件 ···································· 167

　　12.1　压力控制阀 / 167

　　　　12.1.1　减压阀 / 167

　　　　12.1.2　溢流阀 / 169

　　　　12.1.3　顺序阀 / 170

　　12.2　流量控制阀 / 172

　　　　12.2.1　节流阀 / 172

　　　　12.2.2　单向节流阀 / 172

　　　　12.2.3　排气节流阀 / 173

　　　　12.2.4　流量控制阀的选用 / 173

　　12.3　方向控制阀 / 174

　　　　12.3.1　换向型方向控制阀 / 174

　　　　12.3.2　单向型方向控制阀 / 176

　　12.4　气动逻辑元件 / 177

　　　　12.4.1　气动逻辑元件的分类及特点 / 178

12.4.2　高压截止式逻辑元件 / 178

12.4.3　气动逻辑元件的应用举例 / 180

13　气动基本回路与气动系统 ························· 182

13.1　压力控制回路 / 182

13.2　方向控制回路 / 183

13.3　速度控制回路 / 184

13.4　其他控制回路 / 185

13.5　气动系统实例 / 187

附录 ··· 190

液压传动概述

液压传动是利用受压液体作为介质来传递运动和动力的一种传动方式。与机械传动相比,液压传动具有许多优点,所以得到了广泛应用。近年来,液压传动与微电子技术、计算机技术密切结合,使液压传动技术的发展进入了一个新的阶段,成为发展速度最快的技术之一。

【本章学习目标】
1. 掌握液压传动的工作原理;
2. 掌握液压传动的组成;
3. 了解液压传动的优缺点及应用。

1.1 液压传动组成

液压传动,是以液压油液为工作介质进行能量传递和控制的一种传动形式。它通过各种元件组成不同功能的基本回路,再由若干基本回路有机地组合成具有一定控制功能的传动系统。

1.1.1 液压传动的工作原理

液压传动的工作原理,我们可以用一个液压千斤顶的工作原理来进行说明。

图 1 - 1 - 1 所示是液压千斤顶的工作原理图。大油缸 9 和大活塞 8 组成举升液压缸。杠杆手柄 1、小油缸 2、小活塞 3、单向阀 4 和 7 组成手动液压泵。如提起手柄使小活塞向上移动,小活塞下端油腔容积增大,形成局部真空,这时,单向阀 4 打开,通过吸油管 5 从油箱 12 中吸油;用力压下手柄,小活塞下移,小活塞下腔压力升高,单向阀 4 关闭,单向阀 7 打开,下腔的油液经管道 6 输入举升大油缸 9 的下腔,迫使大活塞 8 向上移动,顶起重物。再次提起手柄吸油时,单向阀 7 自动关闭,使油液不

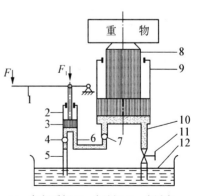

1—杠杆手柄;2—小油缸;3—小活塞;
4,7—单向阀;5—吸油管;6,10—管道;
8—大活塞;9—大油缸;11—截止阀;12—油箱

图 1 - 1 - 1 液压千斤顶工作原理图

能倒流,从而保证了重物不会自行下落。不断地往复扳动手柄,就能不断地把油液压入举升缸下腔,使重物逐渐地升起。如果打开截止阀11,举升缸下腔的油液通过管道10、截止阀11流回油箱,重物就向下移动。这就是液压千斤顶的工作原理。

通过对上面液压千斤顶工作过程的分析,可以初步了解到液压传动的基本工作原理。液压传动是利用有压力的油液作为传递动力的工作介质。压下杠杆时,小油缸2输出压力油,是将机械能转换成油液的压力能,压力油经过管道6及单向阀7,推动大活塞8举起重物,是将油液的压力能又转换成机械能。大活塞8举升的速度取决于单位时间内流入大油缸9中油容积的多少。由此可见,液压传动是一个不同能量的转换过程。

1.1.2　液压传动系统的组成

液压千斤顶是一种简单的液压传动装置。下面分析一种驱动工作台的液压传动系统。如图1-1-2所示,它由油箱19、滤油器18、液压泵17、溢流阀13、换向阀10、节流阀7、换向阀5、液压缸2以及连接这些元件的油管6、8、11、12、16和接头组成。其工作原理如下:液压泵17由电动机驱动后,从油箱19中吸油。油液经滤油器18进入液压泵17,油液在泵腔中从入口低压到泵出口高压,在图1-1-2(a)所示状态下,通过换向阀10、节流阀7、换向阀5进入液压缸2左腔,推动活塞3使工作台1向右移动。这时,液压缸2右腔的油经换向阀5和回油管6排回油箱19。

如果将换向阀5的手柄转换成图1-1-2(b)所示状态,则压力管中的油将经过换向阀10、节流阀7和换向阀10进入液压缸2右腔,推动活塞3使工作台1向左移动,并使液压缸2左腔的油经换向阀10和回油管6排回油箱。

工作台1的移动速度是通过节流阀7来调节的。当节流阀7开大时,进入液压缸2的油量增多,工作台1的移动速度增大;当节流阀7关小时,进入液压缸2的油量减小,工作台1的移动速度减小。为了克服移动工作台时所受到的各种阻力,液压缸必须产生一个足够大的推力,这个推力是由液压缸中的油液压力所产生的。要克服的阻力越大,缸中的油液压力越高;反之,压力就越低。这种现象正说明了液压传动的一个基本原理——压力决定于负载。

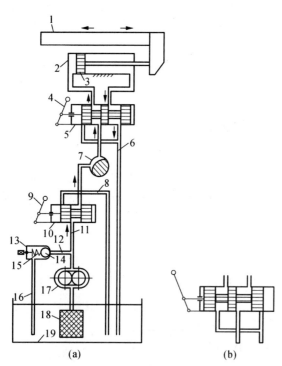

1—工作台;2—液压缸;3—活塞;4—换向手柄;5—换向阀;
6,8,16—回油管;7—节流阀;9—换向手柄;10—换向阀;
11—压力管;12—压力支管;13—溢流阀;14—钢球;15—弹簧;
17—液压泵;18—滤油器;19—油箱

图1-1-2　机床工作台液压系统工作原理图

从机床工作台液压系统的工作过程可以看出,一个完整的、能够正常工作的液压系统,应该由以下五个主要部分来组成:

（1）能源装置　它是供给液压系统压力油、把机械能转换成液压能的装置。最常见的形式是液压泵。如图1-1-2中所示液压泵17。

（2）执行装置　它是把液压能转换成机械能的装置。其形式有作直线运动的液压缸，有作回转运动的液压马达，它们又称为液压系统的执行元件。如图1-1-2中所示液压缸2。

（3）控制调节装置　它是对系统中的压力、流量或流动方向进行控制或调节的装置。如图1-1-2中所示溢流阀13、节流阀7、换向阀5和10等。

（4）辅助装置　上述三部分之外的其他装置，如图1-1-2中所示油箱19、滤油器18、油管6、8、11、12、16等。它们对保证系统正常工作是必不可少的。

（5）工作介质　传递能量的流体。液压系统以液压油作为工作介质。

1.1.3　液压传动系统图的图形符号

图1-1-2所示液压系统是一种半结构式的工作原理图，它有直观性强、容易理解的优点，当液压系统发生故障时，根据原理图检查十分方便，但图形比较复杂，绘制比较麻烦。我国已经制定了一种用规定的图形符号来表示液压原理图中的各元件和连接管路的国家标准，即GB/T786.1—93《液压系统图图形符号》。我国制订的液压系统图图形符号中，对于这些图形符号有以下几条基本规定：

（1）符号只表示元件的职能，连接系统的通路，不表示元件的具体结构和参数，也不表示元件在机器中的实际安装位置。

（2）元件符号内的油液流动方向用箭头表示，线段两端都有箭头的，表示流动方向可逆。

（3）符号均以元件的静止位置或中间零位置表示，当系统的动作另有说明时，可作例外。

图1-1-3所示为图1-1-2(a)所示系统用国标GB/T786.1—93《液压系统图图形符号》绘制的工作原理图。使用这些图形符号，可使液压系统图简单明了，且便于绘制。国标GB/T786.1—93《液压系统图图形符号》见本书附录。

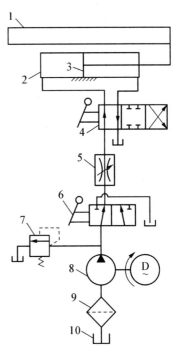

1—工作台；2—液压缸；3—油塞；4—换向阀；
5—节流阀；6—换向阀；7—溢流阀；8—液压泵；
9—滤油器；10—油箱

**图1-1-3　机床工作台液压系统
的图形符号图**

1.2　液压传动的优缺点

1. 液压传动之所以能得到广泛的应用，是由于它具有以下优点：

（1）由于液压传动是油管连接，所以，借助油管的连接，可以方便灵活地布置传动机构，这是比机械传动优越的地方。

（2）液压传动装置的重量轻、结构紧凑、惯性小。

（3）可在大范围内实现无级调速。借助阀或变量泵、变量马达，可以实现无级调速，调速范围可达 1：2 000，并可在液压装置运行的过程中进行调速。

（4）传递运动均匀平稳，负载变化时，速度较稳定。

（5）液压装置借助于设置溢流阀等易于实现过载保护，同时，液压件能自行润滑，因此，使用寿命长。

（6）液压传动借助于各种控制阀容易实现自动化，特别是采用液压控制和电气控制结合使用时，能很容易地实现复杂的自动工作循环，而且可以实现遥控。

（7）液压元件已实现了标准化、系列化和通用化，便于设计、制造和推广使用。

2. 液压传动的缺点如下：

（1）由于液压系统中的漏油等因素，影响了运动的平稳性和正确性，使得液压传动不能保证严格的传动比。

（2）液压传动对油温的变化比较敏感，温度变化时，液体粘性变化，引起运动特性的变化，使得工作的稳定性受到影响，所以，它不宜在温度变化很大的环境条件下工作。

（3）为了减少泄漏，以及为了满足某些性能上的要求，液压元件的配合件制造精度要求较高，加工工艺较复杂。

（4）液压传动要求有单独的能源，不如电源那样使用方便。

（5）液压系统发生故障不易检查和排除。

（6）不宜远距离输送动力。

总的说来，液压传动的优点是十分突出的，它的缺点将随着技术水平的发展而逐渐得到克服。例如，可以将液压与气压传动、电力传动、机械传动合理地联合使用，构成气液、电液、机液等联合传动，以进一步发挥各自的优点，相互补充，弥补某些不足之处。

1.3 液压传动的应用

液压传动在机械设备中的应用非常广泛。有的设备是利用其能传递大的动力，且结构简单，体积小、重量轻的优点，如工程机械、矿山机械、冶金机械等；有的设备是利用它操纵控制方便、能较容易地实现较复杂工作循环的优点，如各类金属切削机床、轻工机械、运输机械、军工机械、各类装载机等。液压传动在其他机械工业部门的应用情况见表1-3-1。

表1-3-1　　液压传动在各类机械行业中的应用实例

行 业 名 称	应用场所举例
工程机械	挖掘机、装载机、推土机、压路机、铲运机等
机床工业	磨床、铣床、刨床、拉床、自动和半自动车床、组合机床、数控机床等
起重运输机械	汽车吊、港口龙门吊、叉车、装卸机械、皮带运输机等
矿山机械	凿岩机、开掘机、开采机、破碎机、提升机、液压支架等
建筑机械	打桩机、液压千斤顶、平地机等

续　表

行 业 名 称	应用场所举例
农业机械	联合收割机、拖拉机、农具悬挂系统等
冶金机械	电炉炉顶及电极升降机、轧钢机、压力机等
轻工机械	打包机、注塑机、校直机、橡胶硫化机、造纸机等
汽车工业	自卸式汽车、平板车、高空作业车、汽车中的转向器、减振器等
智能机械	折臂式小汽车装卸器、数字式体育锻炼机、模拟驾驶舱、机器人等

小　结

　　液压技术是一门研究以有压流体为传动介质来实现能量传递和控制的学科。液压传动相对机械传动来说,是一门新的技术。因为液压传动具有重量轻、结构紧凑、惯性小、易实现自动化等优点,已广泛应用于工程机械、农机、汽车、机床等工业中。在掌握了它的工作原理、组成等内容后,可以方便我们学习液压元件等后续课程。

习　题

1. 何谓液压传动? 液压传动的基本工作原理是怎样的?
2. 液压传动系统有哪些组成部分? 各部分的作用是什么?
3. 与其他传动方式比较,液压传动主要有哪些优、缺点?

2 液压传动基础知识

液体是液压传动的工作介质,因此,了解液体的基本性质,掌握液体平衡和运动的主要力学规律,对于正确理解液压传动原理以及合理设计和使用液压系统都是十分重要的。

【本章学习目标】
1. 掌握液压油液的性质、要求和选用;
2. 掌握液体的静力学基础知识;
3. 掌握液体动力学的三个重要方程式及应用;
4. 了解小孔和缝隙流量特点;
5. 了解液压冲击和气穴气蚀现象。

2.1 液压传动工作介质

2.1.1 液压油的主要性质

1. 密度

单位体积液体的质量称为液体的密度,即

$$\rho = \frac{m}{V} \tag{2-1}$$

式中　V——液体的体积;

$\quad\quad m$——质量;

$\quad\quad \rho$——液体的密度。

密度是液体的一个重要的物理参数,一般液压油的密度值为 $900\ \mathrm{kg/m^3}$,通常认为液体密度随着液体温度或压力的变化可以忽略不计。

2. 可压缩性

液体受压力作用而发生体积减小的性质称为液体的可压缩性。常温下,一般可认为油液是不可压缩的,但当液压油中混有空气时,其抗压缩能力会显著降低,应力求减少油液中混入的气体及其他易挥发物质的含量,以减小对液压系统工作性能的不良影响。

3. 粘性

(1) 粘性的意义

液体在外力作用下流动时,由于分子间的内聚力,会阻止其相对运动,就产生了一种内摩擦力,我们把液体的这一特性称为液体的粘性。粘性是液体的重要物理性质,也是选择液压油的主要依据之一。

如图 2-1-1 所示,设两平行平板间充满液体,下平板不动,上平板以速度 u 向右平移。由于液体的粘性以及液体和固体壁面间的附着力,会使液体内部各层间的速度呈阶梯分布,紧贴下平板的液体层速度为零,紧贴上平板的液体层速度为 u,而中间各层液体的速度则呈线性规律。实验测定表明:

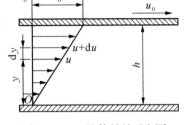

图 2-1-1 液体粘性示意图

$$F = \mu A \frac{\mathrm{d}u}{\mathrm{d}y} \qquad (2-2)$$

式中　F——相邻液层间的内摩擦力;

　　　A——液层的接触面积;

　　　$\mathrm{d}u/\mathrm{d}y$——液层间的速度梯度;

　　　μ——动力粘度。

若以 τ 表示内摩擦切应力,则上式也可表达为

$$\tau = \frac{F}{A} = \mu \frac{\mathrm{d}u}{\mathrm{d}y} \qquad (2-3)$$

这即是牛顿液体内摩擦定律。

(2) 粘度

粘度是用来表示液体粘性大小的,常用的粘度表示有以下几种:

① 动力粘度 μ

动力粘度又称绝对粘度,它是表征液体粘度的内摩擦系数。即式(2-3)中的 μ,即

$$\mu = \frac{F}{A \frac{\mathrm{d}u}{\mathrm{d}y}} \qquad (2-4)$$

动力粘度单位为 Pa·s(帕·秒,N·s/m^2)。

② 运动粘度 ν

动力粘度和该液体密度的比值称为运动粘度,以 ν 表示

$$\nu = \frac{\mu}{\rho} \qquad (2-5)$$

运动粘度的单位是 m^2/s(米^2/秒),它是工程实际中经常用到的物理量,国际标准化组织 ISO 规定统一采用运动粘度来表示油的粘度等级。

(3) 粘温特性

液压油的粘度随温度变化的性质称为粘温特性。温度对油液粘度影响很大,当油液温

度升高时,其粘度显著下降。油液粘度的变化直接影响液压系统的性能和泄漏量,因此,希望粘度随温度的变化越小越好。油液温度为 t℃时的粘度,可以从液压设计手册中直接查出,图 2-1-2 所示为几种常用的国产液压油的粘温图。

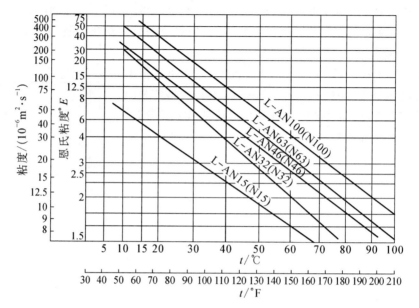

图 2-1-2　几种常见国产油液粘温图

液压油的其他物理及化学性质包括抗燃性、抗凝性、抗氧化性、抗泡沫性、抗乳化性、防锈性、润滑性、导热性、相容性以及纯净性等,具体可参考相关产品手册。

2.1.2　液压油的选用

1. 液压油的使用要求

液压传动系统用的液压油一般应满足如下要求:对人体无害且成本低廉;粘度适当,粘温特性好;润滑性能好,防锈能力强;质地纯净杂质少;对金属和密封件的相容性好;氧化稳定性好,不变质;抗泡沫性和抗乳化性好;体积膨胀系数小;燃点高,凝点低;等等。对于不同的液压系统,则需根据具体情况突出某些方面的使用性能要求。

2. 液压油的品种

液压油的主要品种、ISO 代号及其特性用途见表 2-1-1。

表 2-1-1　　　　　　　　　　液压油的主要品种及其特性和用途

分类	名　称	代号	特性和主要用途
石油型	普通液压油	L-HL	适用于 7~14 MPa 的液压系统及精密机床液压系统(环境温度为 0℃以上)
	抗磨液压油	L-HM	适用于低、中、高压液压系统,特别适用于有防磨要求并带叶片泵的液压系统
	低温液压油	L-HV	适用于-25℃以上的高压、高速工程机械,农业机械和车辆的液压系统(加降凝剂等,可在-40℃~-20℃下工作)

续　表

分类	名　称	代号	特性和主要用途
石油型	高粘度指数液压油	L-HR	用于数控精密机床的液压系统和伺服系统
	液压导轨油	L-HG	适用于导轨和液压系统共用一种油品的机床,对导轨有良好的润滑性和防爬性
	全损耗系统用油	L-HH	浅度精制矿油抗氧化性、抗泡沫性较差,主要用于机械润滑,可作为液压代用油,用于要求不高的低压系统
	汽轮机油	L-TSA	深度精制矿油添加剂,改善抗氧化、抗泡沫等性能,为汽轮机专用油,可作为液压代用油,用于要求不高的低压系统
	其他液压油		加入多种添加剂,用于高品质的专用液压系统
乳化型	水包油乳化液	L-HFA	又称高水基液,特别是难燃、温度特性好,有一定的防锈能力,润滑性差,易泄漏,适用于有抗燃要求、油液用量大且泄漏严重的系统
	油包水乳化液	L-HFB	既具有石油型液压油的抗磨、防锈性能,又具有抗燃性,适用于有抗燃要求的中压系统
合成型	水-乙二醇液	L-HFC	难燃、粘温特性和抗蚀性好,能在-30℃~60℃温度下使用,适用于有抗燃要求的中低压系统
	磷酸酯液	L-HFDR	难燃、润滑性、抗磨性能和抗氧化性能良好,能在-54℃~135℃温度范围内使用;缺点是有毒,适用于有抗燃要求的高压精密液压系统

　　石油型液压油的主要品种有普通液压油、抗磨液压油、低温液压油、高粘度指数液压油、液压导轨油等,它们都是以全损耗系统用油为基础原料、精炼后按需要加入适当的添加剂制得的。石油型液压油润滑性和防锈性好,粘度等级范围也较宽,因而在液压系统中应用很广。全损耗系统用油是一种机械润滑油,价格低廉,但精制过程精度较浅,使用过程中容易影响液压系统性能,一般作为液压代用油使用。汽轮机油的性能优于全损耗系统用油,常用于一般液压传动系统中。普通液压油的性能可以满足液压传动系统的一般要求,广泛适用于在常温下工作的中低压系统。抗磨液压油、低温液压油、高粘度指数液压油、液压导轨油等,专用于相应的液压系统中。石油型液压油具有可燃性,为了安全起见,在一些高温、易燃、易爆的工作场合,常用水包油、油包水等乳化液,或水-乙二醇、磷酸酯等合成液。

3. 液压油的选择

（1）油液品种的选择

　　选择油液品种时,可以参照表2-1-1,根据是否专用、有无具体条件等工作要求及工作压力、工作温度等工作环境进行考虑。

（2）选择粘度等级

　　确定好液压油的品种,就要选择油的粘度等级。粘度对液压系统工作的稳定性、可靠性、效率、温升以及磨损都有显著的影响,在选择粘度时,应注意液压系统的工作情况。

① 工作压力

为了减少泄漏,便于密封,工作压力较高的系统,宜选用粘度较大的液压油。

② 运动速度

为了减轻液流的摩擦损失,当液压系统的工作部件运动速度较高时,宜选用粘度较小的液压油。

③ 环境温度

环境温度较高时,宜选用粘度较大的液压油。

④ 液压泵的类型

在液压系统的所有元件中,以液压泵对液压油的性能最为敏感,因为泵内零件的运动速度很高,承受的压力较大,润滑要求高而且温升快。因此,常根据液压泵的类型及要求来选择液压油的粘度。

各类液压泵适用的粘度范围见表 2-1-2。

表 2-1-2　　　　　　　　各类液压泵适用的粘度范围

液压泵类型		环境温度 5℃~40℃ $v/(10^{-4}\ m^2 \cdot s^{-1})(40℃)$	环境温度 40℃~80℃ $v/(10^{-4}\ m^2 \cdot s^{-1})(40℃)$
叶片泵	$p < 7 \times 10^6$ Pa	30~50	40~75
	$p \geqslant 7 \times 10^6$ Pa	50~70	55~90
齿轮泵		30~70	95~165
轴向柱塞泵		40~75	70~150
径向柱塞泵		30~80	65~240

2.2　液体静力学基础

液体静力学研究液体处于静止状态下的力学规律以及这些规律的应用。这里所说的静止,是指液体内部质点之间没有相对运动。

2.2.1　液体的压力

1. 压力的定义

物理学定义液体单位面积上所受的法向力为压强,在液压技术中,我们习惯称其为压力,如果在液体内某点处微小面积 ΔA 上作用有法向力 ΔF,则 $\Delta F/\Delta A$ 的极限就定义为该点处的静压力,通常以 p 表示,即

$$p = \lim_{\Delta A \to 0} \frac{\Delta F}{\Delta A} \tag{2-6}$$

液体压力的方向总是沿着内法线方向作用于承压面的。

因为静止液体内任一质点的压力在各个方向上都相等,所以,其内部的任何点都是受平衡压力作用的。

2. 静止液体压力的分布

如图 2-2-1 所示,密度为 ρ 的液体在容器内处于静止状态,为求任意深度 h 处的压力 p,可以假想取出一个垂直小液柱来研究,设液柱的底面积为 A,高为 h,由于液柱处于受力平衡状态,可列出力学平衡方程式:

$$pA = p_0 A + \rho g h A \qquad (2-7)$$

若液面上只受大气压力 p_a 作用时,即 $p_0 = p_a$,得到

$$p = p_a + \rho g h \qquad (2-8)$$

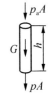

图 2-2-1 静止液体内压力分布规律

上式称为液体静力学基本方程式,由上式可知:

(1)静止液体内任一点处的压力都由液面上的压力 p_a 和该点以上液体自重形成的压力 $\rho g h$ 两部分组成。

(2)静止液体内的压力 p 随液体深度 h 呈线性规律分布。

需要注意的是:在液体受外界压力作用的情况下,由液体自重所形成的那部分压力 $\rho g h$ 相对非常小,在分析液压系统的压力时,常可忽略不计,因而我们可以近似认为整个液体内部的压力是相等的。

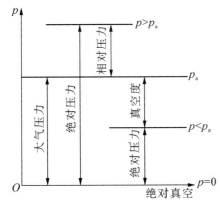

图 2-2-2 绝对压力、相对压力和真空度

3. 压力的表示和单位

以绝对真空为基准来度量的压力,叫做绝对压力;以大气压力为基准来度量的压力,叫做相对压力。我们在地球的表面上用压力表测得的压力数值就是相对压力或称表压力,液压技术中的压力一般也都是相对压力。若液体中某点的绝对压力小于大气压,比大气压小的那部分数值叫做真空度。绝对压力、相对压力和真空度的关系如图 2-2-2 所示。

压力的国际计量单位是 Pa(帕,N/m²),还有非国际计量单位,如工程大气压 at(kgf/cm²)、毫米汞柱高(mmHg)等。

2.2.2 压力决定于负载原理

在密闭容器内,施加于静止液体的压力可以等值地传递到液体各点,这就是帕斯卡原理或称静压传递原理。在图 2-2-3 中,外加负载 F 作用在横截面积为 A 活塞上,根据帕斯卡原理,容器内任一点液体的压力 p 与负载 F 之间总是保持着正比关系:

$$p = \frac{F}{A} \qquad (2-9)$$

图 2-2-3 液体内压力计算

可见,液体内的压力是由外界负载作用所形成的,即压力决定于负载,这是液压传动中的一个重要的基本原理。

2.2.3 液体对固体壁面的作用力

液体和固体壁面相接触时,固体壁面将受到液压力的作用。

(1) 当固体壁面为一平面时,液体压力在该平面上的总作用力 F 等于液体压力 p 与该平面面积 A 的乘积,其作用方向与该平面垂直,即

$$F = pA \qquad (2-10)$$

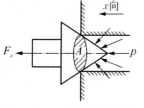

图 2-2-4 液压力作用在曲面上的力

(2) 当固体壁面为一曲面时,液体压力在该曲面某方向 x 上的总作用力 F_x 等于液体压力 p 与曲面在该方向投影面积 A_x 的乘积,如图 2-2-4 所示,即

$$F_x = pA_x \qquad (2-11)$$

2.3 液体动力学

液体动力学的主要内容是研究液体流动时流速和压力的变化规律。流动液体的连续性方程、伯努利方程、动量方程是描述流动液体力学规律的三个基本方程式。这些内容不仅构成了液体动力学的基础,而且还是液压技术中分析问题和设计计算的理论依据。

2.3.1 基本概念

1. 理想液体和恒定流动

由于液体具有粘性,而且粘性只是在液体运动时才体现出来,因此在研究流动液体时,必须考虑粘性的影响。液体中的粘性问题非常复杂,为了分析和计算问题的方便,开始分析时,我们可以先假设液体没有粘性,然后再考虑粘性影响,并通过实验验证等方法对已得出的结果进行补充或修正。对于液体的可压缩问题,也可采用同样方法来处理。

理想液体 在研究流动液体时,把假设的既无粘性又不可压缩的液体称为理想液体。而把事实上既有粘性又可压缩的液体称为实际液体。

恒定流动 当液体流动时,如果液体中任一点处的压力、速度和密度都不随时间的变化而变化,则液体的这种流动称为恒定流动;反之,若液体中任一点处的压力、速度和密度中有一个随时间的变化而变化时,就称为非恒定流动。如图 2-3-1、图 2-3-1(a)所示的水平管内的液流为恒定流动,图 2-3-1(b)所示为非恒定流动。

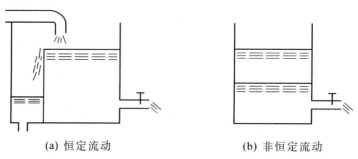

(a) 恒定流动   (b) 非恒定流动

图 2-3-1 恒定流动和非恒定流动

2. 过流断面、流量和平均流速

液体在管道中流动时,其垂直于流动方向的截面称为过流断面或称通流截面。单位时间内流过某一过流断面的液体体积称为体积流量。该流量以 q 表示,单位为 m^3/s 或 L/min。

假设理想液体在一直管内作恒定流动,如图 2-3-2所示。液流的过流断面面积即为管道截面积 A。液流在过流断面上各点的流速皆相等,以 u 表示。流过截面 Ⅰ—Ⅰ 的液体经时间 t 后到达截面 Ⅱ—Ⅱ 处,所流过的距离为 l,则流过的液体体积为 $V = Al$,因此,流量即为

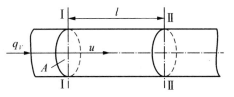

图 2-3-2　理想液体在直管中的流动

$$q = \frac{V}{t} = \frac{Al}{t} = Au \tag{2-12}$$

上式表明,液体的流量可以用过流断面面积与流速的乘积来计算。

由于流动液体粘性的作用,在通流截面上各点的流速 u 一般是不相等的,在计算流过整个通流截面 A 的流量时,可在通流截面 A 上取一微小截面 dA,如图 2-3-3(a)所示,并认为在该断面各点的速度 u 相等,则流过该微小断面的流量为 $dq = udA$,流过整个通流截面 A 的流量为

$$q = \int_A u\,dA \tag{2-13}$$

对于实际液体的流动,速度 u 的分布规律很复杂,见图 2-3-3(b),故按式(2-13)计算流量是困难的。因此,提出一个平均流速的概念,即假设通流截面上各点的流速均匀分布,液体以此均布流速 v 流过通流截面的流量等于以实际流速流过的流量,即

$$q = \int_A u\,dA = vA \tag{2-14}$$

由此得出通流截面上的平均流速为

$$v = \frac{q}{A} \tag{2-15}$$

在实际的工程计算中,平均流速才具有应用价值。液压缸工作时,活塞的运动速度就等于缸内液体的平均流速,当液压缸有效面积一定时,活塞运动速度由输入液压缸的流量决定。

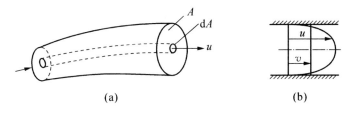

(a)　　　　　　　　　　(b)

图 2-3-3　流量和平均流速

3. 流态和雷诺数

英国物理学家雷诺通过大量实验,发现了液体在管道中流动时存在两种流动状态,即层流和紊流。两种流动状态可通过实验来观察,即雷诺实验。实验装置如图 2-3-4所示。容

器6和3中分别装满了水和密度与水相同的红色液体,容器6由水管2供水,并由溢流管1保持液面高度不变。打开阀8,让水从玻璃管7中流出,这时打开阀4,红色液体也经细导管5流入水平玻璃管7中。调节阀8使管7中的流速较小时,红色液体在管7中呈一条明显的直线,将小管5的出口上下移动,则红色直线也上下移动,而且这条红线和清水层次分明不相混杂,如图2-3-4(b)所示。液体的这种流动状态称为层流。当调整阀门8使玻璃管中的流速逐渐增大至某一值时,可以看到红线开始出现抖动而呈波纹状,如图2-3-4(c)所示,这表明层流状态被破坏,液流开始出现紊乱。若管7中流速继续增大,红线消失,红色液体便与清水完全混杂在一起,如图2-3-4(d)所示,表明管中液流完全紊乱,这时的流动状态称为紊流。如果将阀门8逐渐关小,当流速减小至一定值时,水流又重新恢复为层流。层流和紊流是两种不同性质的流动状态。层流时,液体流速较低,液体质点间的粘性力起主导作用,液体质点受粘性的约束,不能随意运动;紊流时,液体流速较高,液体质点间粘性的制约作用减弱,惯性力起主导作用。

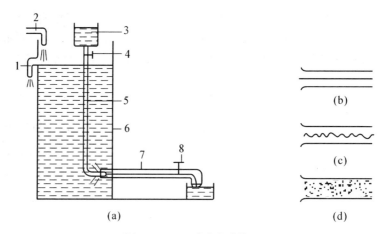

图2-3-4　雷诺实验装置

液体的流动状态可用雷诺数来判断,实验结果证明,液体在圆管中的流动状态不仅与管内的平均流速 v 有关,还与管道内径 d、液体的运动粘度 ν 有关。而用来判别液流状态的是由这三个参数所组成的一个无量纲数——雷诺数 Re:

$$Re = \frac{vd}{\nu} \tag{2-16}$$

如果液流的雷诺数相同,则流动状态亦相同。液流由层流转变为紊流时的雷诺数和由紊流转变为层流时的雷诺数是不相同的,后者的数值小,所以,一般都用后者作为判别液流状态的依据,称为临界雷诺数,记为 Re_c。当液流的实际雷诺数 Re 小于临界雷诺数 Re_c 时,为层流;反之,为紊流。常见液流管道的临界雷诺数由实验求得,如表2-3-1所列。

表2-3-1　　　　　　　　　　　常见液流管道的临界雷诺数

管道的材料与形状	Re_c	管道的材料与形状	Re_c
光滑的金属圆管	2 000～2 320	光滑的同心环状缝隙	1 100
橡胶软管	1 600～2 000	光滑的偏心环状缝隙	1 000

续　表

管道的材料与形状	Re_c	管道的材料与形状	Re_c
带槽装的同心环状缝隙	700	圆柱形滑阀阀口	260
带槽装的偏心环状缝隙	400	锥状阀口	20～100

对于非圆截面的管道，Re 可用下式计算：

$$Re = \frac{d_H v}{\nu} \tag{2-17}$$

式中的 d_H 为过流断面的水力直径，可按下式求得：

$$d_H = \frac{4A}{\chi} \tag{2-18}$$

式中　A——过流断面面积；

　　　χ——湿周，为过流断面上与液体相接触的管壁周长。

水力直径的大小对通流能力的影响很大，水力直径大，意味着液流和管壁的接触周长短，管壁对液流的阻力小，通流能力大。

2.3.2　流量连续性方程

流量连续性方程是质量守恒定律在流体力学中的一种表达形式。

图 2-3-5 所示为一不等截面管，液体在管内作恒定流动，任取 1、2 两个通流截面，设其面积分别为 A_1 和 A_2，两个截面中液体的平均流速和密度分别为 v_1、v_2 和 ρ_1、ρ_2，根据质量守恒定律，在单位时间内流过两个截面的液体质量相等，即不考虑液体的压缩性，有 $\rho_1 = \rho_2$，则得

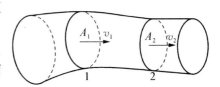

图 2-3-5　液流连续性方程推导用图

$$q = vA = 常数 \tag{2-19}$$

这就是液流的流量连续性方程，它说明恒定流动中流过各截面的不可压缩流体的流量是不变的。因而，流速和通流截面的面积成反比。

2.3.3　伯努利方程

1. 理想液体伯努利方程

伯努利方程是能量守恒定律在流体力学中的一种表达形式。

设理想液体在如图 2-3-6 所示的管道内作恒定流动。任取一段液流 ab 作为研究对象，设 a、b 两断面中心到基准面的高度分别为 h_1 和 h_2，过流断面面积分别为 A_1 和 A_2，压力分别为 p_1 和 p_2；由于是理想液体，断面上的流速可以认为是均匀分布的，故设 a、b 断面的流速分别为 v_1 和 v_2。假设经过很短时间 Δt 以后，ab 段液体移动到 $a'b'$ 位置。现分析该段液体的功能变化。

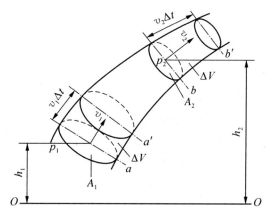

图 2-3-6 理想液体伯努利方程的推导

（1）外力所做的功

作用在该段液体上的外力有侧面和两断面的压力，因理想液体无粘性，侧面压力不能产生摩擦力做功，故外力的功仅是两断面压力所做功的代数和：

$$W = p_1 A_1 v_1 \Delta t - p_2 A_2 v_2 \Delta t$$

由连续性方程知

$$A_1 v_1 = A_2 v_2 = q_V，或 A_1 v_1 \Delta t = A_2 v_2 \Delta t = q_V \Delta t = \Delta V$$

式中　ΔV——aa' 或 bb' 微小段液体的体积。

故有

$$W = (p_1 - p_2) \Delta V \qquad\qquad (2-20)$$

（2）液体机械能的变化

因是理想液体作恒定流动，经过时间 Δt 后，中间 $a'b$ 段液体的所有力学参数均未发生变化，故这段液体的能量没有增减。液体机械能的变化仅表现在 bb' 和 aa' 两小段液体的能量差别上。由于前、后两段液体有相同的质量：

$$\Delta m = \rho_1 A_1 v_1 \Delta t = \rho_2 A_2 v_2 \Delta t = \rho q_V \Delta t = \rho \Delta V$$

所以，两段液体的位能差 ΔE_p 和动能差 ΔE_k 分别为

$$\Delta E_p = \rho g q_V \Delta t (h_2 - h_1) = \rho g \Delta V (h_2 - h_1)$$

$$\Delta E_k = \frac{1}{2} \rho \Delta V (v_2^2 - v_1^2)$$

根据能量守恒定律，外力对液体所做的功等于该液体能量的变化量，$W = \Delta E_p + \Delta E_k$，即

$$(p_1 - p_2) \Delta V = \rho g \Delta V (h_2 - h_1) + \frac{1}{2} \rho \Delta V (v_2^2 - v_1^2)$$

将上式各项分别除以微小段液体的体积 ΔV，整理后得理想液体伯努利方程为

$$p_1 + \rho g h_1 + \frac{1}{2} \rho v_1^2 = p_2 + \rho g h_2 + \frac{1}{2} \rho v_2^2 \qquad\qquad (2-21)$$

或

$$p + \rho gh + \frac{1}{2}\rho v^2 = 常量 \qquad (2-22)$$

上式各项分别是单位体积液体的压力能、位能和动能。因此,上述伯努利方程的物理意义是:在密闭管道内作恒定流动的理想液体具有三种形式的能量,即压力能、位能和动能。在流动过程中,三种能量可以相互转化,但各个过流断面上三种能量之和恒为定值。

2. 实际液体伯努利方程

实际液体在管道内流动时,由于液体存在粘性,会产生内摩擦力,消耗能量;同时,管道局部形状和尺寸的骤然变化,使液流产生扰动,亦消耗能量。因此,实际液体流动有能量损失存在,设单位体积液体在两断面间流动的能量损失为 Δp_w。另外,由于实际液体在管道过流断面上的流速分布是不均匀的,在用平均流速代替实际流速计算动能时,必然会产生误差。为了修正这个误差,需引入动能修正系数 α,因此,实际液体的伯努利方程为

$$p_1 + \rho gh_1 + \frac{1}{2}\rho \alpha_1 v_1^2 = p_2 + \rho gh_2 + \frac{1}{2}\rho \alpha_2 v_2^2 + \Delta p_w \qquad (2-23)$$

式中,动能修正系数 α_1、α_2 值,当为紊流时,取 $\alpha = 1$,当为层流时,取 $\alpha = 2$。

伯努利方程揭示了液体流动过程中的能量变化规律,因此,它是流体力学中的一个特别重要的基本方程。伯努利方程不仅是进行液压系统分析的理论基础,而且还可用来对多种液压问题进行研究和计算。

应用伯努利方程时应注意:断面1、2需顺流向选取(否则,Δp_w 为负值),且应选在缓变的过流断面上;断面中心在基准面以上时,h 取正值,反之取负值,且通常选取特殊位置的水平面作为基准面。

2.3.4 动量方程

动量方程是动量定理在流体力学中的具体应用。动量方程可以用来计算流动液体作用于限制其流动的固体壁面上的总作用力。根据刚体力学动量定理:作用在物体上全部外力的矢量和应等于物体在力作用方向上的动量的变化率,即

$$\sum \boldsymbol{F} = \frac{m\boldsymbol{v}_2}{\Delta t} - \frac{m\boldsymbol{v}_1}{\Delta t} \qquad (2-24)$$

对于作恒定流动的液体,若忽略其可压缩性,可将 $m = \rho q \Delta t$ 代入上式,并考虑以平均流速代替实际流速会产生误差,因而引入动量修正系数 β,则可写出如下形式的动量方程:

$$\sum \boldsymbol{F} = \rho q (\beta_2 \boldsymbol{v}_2 - \beta_1 \boldsymbol{v}_1) \qquad (2-25)$$

式中　$\sum \boldsymbol{F}$——作用在液体上所有外力的矢量和;

　　$\boldsymbol{v}_1$, $\boldsymbol{v}_2$——液流在前、后两个过流断面上的平均流速矢量;

　　β——动量修正系数,紊流时,$\beta = 1$,层流时,$\beta = 1.33$。为简化计算,通常均取 $\beta = 1$;

　　ρ, q——分别为液体的密度和流量。

上式为液体作稳定流动时的动量方程,方程表明:作用在液体控制体积上的外力总和 $\sum \boldsymbol{F}$ 等于单位时间内流出控制表面与流入控制表面的液体的动量之差。该式为矢量表达式,

在应用时，可根据具体要求，向指定方向投影，求得该方向的分量。显然，根据作用力与反作用力相等原理，液体也以同样大小的力作用在使其流速发生变化的物体上。由此，可按动量方程求得流动液体作用在固体壁面上的作用力，此作用力又称为稳态液动力，简称液动力。在指定方向 x 上的稳态液动力计算公式为

$$F'_x = -\sum F_x = \rho q(\beta_1 v_{1x} - \beta_2 v_{2x}) \tag{2-26}$$

2.4 液体流动时的压力损失

实际液体具有粘性，流动时会有阻力产生。为了克服阻力，流动液体需要损耗一部分能量，这种能量损失就是实际液体伯努利方程中的 Δp_w，Δp_w 是具有压力的量纲，通常称为压力损失。在液压系统中，压力损失不仅表明系统损耗了能量，并且由于液压能转变为热能，将导致系统的温度升高。因此，在设计液压系统时，要尽量减少压力损失。压力损失可以分为沿程压力损失和局部压力损失。

2.4.1 沿程压力损失

液体在等径直管中流动时因粘性摩擦而产生的压力损失，称为沿程压力损失。液体的流动状态不同，所产生的沿程压力损失也有所不同。

1. 层流时的沿程压力损失

图 2-4-1 所示为液体在等径水平直管中作层流运动。层流时，液体质点作有规则的流动，因此可以用数学工具全面探讨其流动状况，并最后导出沿程压力损失的计算公式：

$$\Delta p_\lambda = \lambda \cdot \frac{l}{d} \cdot \frac{\rho v^2}{2} \tag{2-27}$$

式中，λ 为沿程阻力系数。对于圆管层流，理论值 $\lambda = 64/Re$。考虑到实际圆管截面可能有变形以及靠近管壁处的液层可能冷却，因而在实际计算时，对金属管取 $\lambda = 75/Re$，对橡胶管，取 $\lambda = 80/Re$。

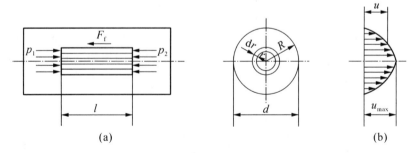

图 2-4-1　圆管层流运动

上式是在水平管的条件下推导出来的，但前已述及，在液压传动中，液体自重和位置变化的影响可以忽略，故此公式也适用于非水平管。

2. 紊流时的沿程压力损失

紊流时,计算沿程压力损失的公式在形式上同于层流,但式中的阻力系数 λ 除与雷诺数 Re 有关外,还与管壁的表面粗糙度有关,即 $\lambda = f(Re, \Delta/d)$,这里的 Δ 为管壁的绝对表面粗糙度,它与管径 d 的比值 Δ/d 称为相对表面粗糙度。对于光滑管,当 $2.32 \times 10^3 \leqslant Re < 10^5$ 时,$\lambda = 0.316\,4\,Re^{-0.25}$;对于粗糙管,$\lambda$ 的值可以根据不同的 Re 和 Δ/d 从液压设计手册的相关曲线中查出。管壁的绝对表面粗糙度 Δ 和管道的材料有关,一般计算可参考下列数值:钢管 0.04 mm,铜管 0.001 5～0.01 mm,铝管 0.001 5～0.06 mm,橡胶软管 0.03 mm。

2.4.2 局部压力损失

液体流经管道的弯头、接头、突变截面以及阀口、滤网等局部装置时,液流会产生旋涡,并发生强烈的紊动现象,由此而造成的压力损失称为局部压力损失。当液体流过上述各种局部装置时,流动状况极为复杂,影响因素较多,局部压力损失值不易从理论上进行分析计算,因此,局部压力损失的阻力系数一般要依靠实验来确定。局部压力损失 Δp_ξ 的计算公式有如下形式:

$$\Delta p_\xi = \xi \frac{\rho v^2}{2} \tag{2-28}$$

式中　ξ——局部阻力系数,各种局部装置结构的 ξ 值可查有关手册。

液体流过各种阀类的局部压力损失亦服从上式,但因阀内的通道结构复杂,按此公式计算比较困难,故阀类元件局部压力损失 Δp_v 的实际计算常用下列公式:

$$\Delta p_v = \Delta p_n \left(\frac{q}{q_n}\right)^2 \tag{2-29}$$

式中　q_n——阀的额定流量;

Δp_n——阀在额定流量 q_n 下的压力损失(可从阀的产品样本或设计手册中查出);

q——通过阀的实际流量。

2.4.3 管路系统的总压力损失

整个管路系统的总压力损失应为所有沿程压力损失和所有局部压力损失之和,即

$$\sum \Delta p = \sum \Delta p_\lambda + \sum \Delta p_\xi + \sum \Delta p_v$$

$$= \sum \lambda \frac{l}{d} \frac{\rho v^2}{2} + \sum \xi \frac{\rho v^2}{2} + \sum \Delta p_n \left(\frac{q}{q_n}\right)^2 \tag{2-30}$$

在液压系统中,绝大部分压力损失将转变为热能,造成系统温升增高,泄漏增大,以致影响系统的工作性能。从计算压力损失的公式可以看出,减小流速,缩短管道长度,减少管道截面的突变,提高管道内壁的加工质量等,都可使压力损失减小。其中以流速的影响为最大,故液体在管路系统中的流速不应过高。

2.5　小孔和缝隙流量

液压传动中,常利用液体流经阀的小孔或缝隙来控制流量和压力,以达到调速和调压的

目的。液压元件的泄漏也属于缝隙流动。

2.5.1 小孔流量

当小孔的长径比 $l/d \leqslant 0.5$ 时,称为薄壁孔;当 $l/d > 4$ 时,称为细长孔;当 $0.5 < l/d \leqslant 4$ 时,称为短孔。

图 2-5-1 所示为进口边做成锐缘的典型薄壁孔口。由于惯性作用,液流通过小孔时要发生收缩现象,在靠近孔口的后方出现收缩最大的过流断面。

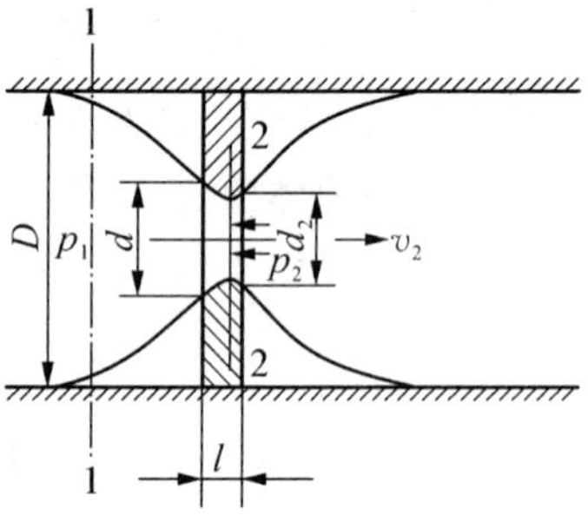

利用伯努利方程对通过薄壁小孔液流的研究,得到薄壁小孔的流量公式为

$$q = A_2 v_2 = C_v C_c A_T \sqrt{\frac{2}{\rho} \Delta p} = C_q A_T \sqrt{\frac{2}{\rho} \Delta p}$$

$$(2-31)$$

图 2-5-1 薄壁小孔液流

式中 C_q——流量系数,$C_q = C_v C_c$;

C_c——收缩系数,$C_c = A_2 / A_T$;

A_2——收缩断面的面积;

A_T——小孔过流断面面积。

C_c、C_q、C_v 的数值可由实验确定。薄壁孔由于流程很短,流量对油温的变化不敏感,因而流量稳定,宜做节流器用。但薄壁孔加工困难,实际应用较多的是短孔。短孔的流量公式依然是上式,但流量系数 C_q 不同。

流经细长孔的液流,由于粘性而流动不畅,故多为层流。其流量计算可以作为圆管层流流量推导出来。

最后,我们可以归纳出一个通用公式:

$$q = K_L A \Delta p^m$$

$$(2-32)$$

式中 A,Δp——分别为小孔的过流断面面积和两端压力差;

K_L——由孔的形状、尺寸和液体性质决定的系数;

m——由孔的长径比决定的指数,薄壁孔为 0.5,细长孔为 1。

上式常作为分析小孔的流量压力特性之用。

2.5.2 缝隙流量

在液压元件中,构成运动副的一些运动件与固定件之间存在着一定缝隙,而当缝隙两端的液体存在压力差时,势必形成缝隙流动,即泄漏。泄漏的存在将严重影响液压元件,特别是液压泵和液压马达的工作性能。当圆柱体存在一定锥度时,其缝隙流动还可能导致卡紧现象,这是一个需要引起注意的问题。

1. 平板缝隙

当两平行平板缝隙间充满液体时,如果液体受到压差 $\Delta p = p_1 - p_2$ 的作用,液体会产生流动。如果没有压差 Δp 的作用,而两平行平板之间有相对运动,即一平板固定,另一平板以速度 u_0(与压差方向相同)运动时,由于液体存在粘性,液体亦会被带着移动,这就是剪切作用所引起的流动。液体通过平行平板缝隙时的最一般的流动情况,是既受压差 Δp 的作用,又受平行平板相对运动的作用,如图 2-5-2 所示。

图中,δ 为缝隙高度,b 和 l 为缝隙宽度和长度,一般,$b \gg \delta$,$l \gg \delta$。可以用数学工具全面探讨其流动状况,并最后导出计算公式:

$$q = \frac{b\delta^3}{12\mu l}\Delta p \qquad (2-33)$$

当平行平板受剪切作用,其流量值为

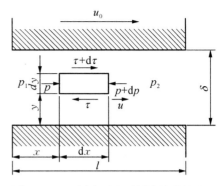

图 2-5-2 固定平行平板缝隙的液流

$$q = vA = \frac{u_0}{2}b\delta \qquad (2-34)$$

当相对运动平行平板缝隙中既有压差流动又有剪切流动时,流过相对运动平板缝隙的流量为压差流量和剪切流量二者的代数和:

$$q = \frac{b\delta^3}{12\mu l}\Delta p \pm \frac{u_0}{2}b\delta \qquad (2-35)$$

"±"号的确定方法如下:当长平板相对于短平板移动的方向和压差方向相同时,取"+"号,方向相反时,取"−"号。

2. 环缝隙的流量

在液压元件中,如液压缸的活塞和缸孔之间,液压阀的阀芯和阀孔之间,都存在圆环缝隙。圆环缝隙有同心和偏心两种情况,它们的流量公式是有所不同的。

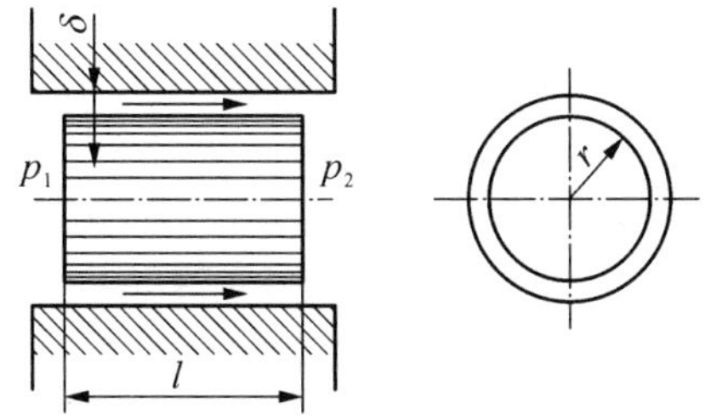

(1)同心圆环缝隙的流量

图 2-5-3 所示为同心圆环缝隙的流动。其圆柱体直径为 d,缝隙厚度为 δ,缝隙长度 l。如果将圆环缝隙沿圆周方向展开。就相当于一个平行平板缝隙。因此,只要用 πd 替代上式中的 b,就可得到内、外表面之间有相对运动的同心圆环缝隙流量公式:

图 2-5-3 同心圆环缝隙的液流

$$q = \frac{\pi d\delta^3}{12\mu l}\Delta p \pm \frac{\pi d\delta u_0}{2} \qquad (2-36)$$

(2)偏心圆环缝隙的流量

若圆环的内外圆不同心,偏心距为 e,则形成偏心圆环缝隙。其流量公式为

$$q = \frac{\pi d\delta^3 \Delta p}{12\mu l}(1 + 1.5\varepsilon^2) \pm \frac{\pi d\delta u_0}{2} \qquad (2-37)$$

式中 δ——内外圆同心时的缝隙厚度;

ε——相对偏心率,即二圆偏心距 e 和同心环缝隙厚度 δ 的比值:$\varepsilon = e/\delta$。

由上式可以看到,当 $\varepsilon = 0$ 时,它就是同心圆环缝隙的流量公式;当 $\varepsilon = 1$ 时,即在最大偏心情况下,其压差流量为同心圆环缝隙压差流量的 2.5 倍。可见,在液压元件中,为了减少圆环缝隙的泄漏,应使相互配合的零件尽量处于同心状态。

2.6 液压冲击和气穴现象

在液压传动中,液压冲击和气穴现象都会给液压系统的正常工作带来不利影响,因此需要了解这些现象产生的原因,并采取相应的措施以减小其危害。

2.6.1 液压冲击

在液压系统中,因某些原因液体压力在一瞬间会突然升高,产生很高的压力峰值,这种现象称为液压冲击。液压冲击的压力峰值往往比正常工作压力高好几倍,瞬间压力冲击不仅引起振动和噪声,而且会损坏密封装置、管道和液压元件,有时还会使某些液压元件(如压力继电器、顺序阀等)产生误动作,造成设备事故。

液压系统中的液压冲击按其产生的原因分为:因液流通道迅速关闭或液流迅速换向使液流速度的大小或方向发生突然变化时,液流的惯性导致的液压冲击;运动的工作部件突然制动或换向时,因工作部件的惯性引起的液压冲击。下面对两种常见的液压冲击现象进行分析。

1. 管道阀门突然关闭时的液压冲击

如图 2-6-1 所示,具有一定容积的容器(蓄能器或液压缸)中的液体沿长度为 l、直径为 d 的管道经出口处的阀门以速度 u_0 流出,若将阀门突然关闭,则在靠近阀门处 B 点的液体立即停止运动,液体的功能转换为压力能,B 点的压力升高,接着后面的液体分层依次停止运动,动能依次转换为压力能,形成压力波,并以速度 C 由 B 向 A 传播,到 A 点后,又反向向 B 点传播。于是,压力冲击波以速度 C 在管道的 A、B 两点间往复传播,在系统内形成压力振荡。实际上,由于管道变形和液体粘性损失需要消耗能量,因此,振荡过程逐渐衰减,最后趋于稳定。

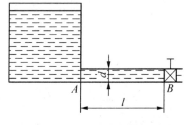

图 2-6-1 管道中的液压冲击

2. 运动部件制动时产生的液压冲击

设总质量为 $\sum m$ 的运动部件在制动时的减速时间为 Δt,速度的减小值为 Δv,液压缸有效工作面积为 A,则根据动量定理,可求得系统中的冲击压力的近似值为

$$\Delta p = \frac{\Delta v}{A \Delta t} \tag{2-38}$$

3. 减小液压冲击的措施

分析前面液压冲击的影响因素,可以归纳出减小液压冲击的主要措施如下:

(1)延长阀门关闭和运动部件制动换向的时间,可采用换向时间可调的换向阀。

(2)限制管道流速及运动部件的速度,一般在液压系统中将管道流速控制在 4.5 m/s 以内,而运动部件的质量 $\sum m$ 愈大,越应控制其运动速度不要太大。

(3)适当增大管径,不仅可以降低流速,而且可以减小压力冲击波的传播速度。

(4)尽量缩短管道长度,可以减小压力波的传播时间。

(5)用橡胶软管或在冲击源处设置蓄能器,以吸收冲击的能量;也可以在容易出现液压冲击的地方安装限制压力升高的安全阀。

2.6.2 气穴现象

1. 气穴现象的机理及危害

气穴现象又称为空穴现象。在液压系统中,如果某点处的压力低于液压油液所在温度下的空气分离压时,原先溶解在液体中的空气就会分离出来,使液体中迅速出现大量气泡,这种现象叫做气穴现象。当压力进一步减小而低于液体的饱和蒸气压时,液体将迅速汽化,产生大量蒸气气泡,使气穴现象更加严重。

气穴现象多发生在阀门和液压泵的吸油口。在阀口处,一般由于通流截面较小而使流速很高,根据伯努利方程,该处的压力会很低,以致产生气穴。在液压泵的吸油过程中,吸油口的绝对压力会低于大气压,如果液压泵的安装高度太大,再加上吸油口处过滤器和管道阻力、油液粘度等因素的影响,泵入口处的真空度会很大,亦会产生气穴。

当液压系统出现气穴现象时,大量的气泡使液流的流动特性变坏,造成流量和压力的不稳定,当带有气泡的液流进入高压区时,周围的高压会使气泡迅速崩溃,使局部产生非常高的温度和冲击压力,引起振动和噪声。当附着在金属表面上的气泡破灭时,局部产生的高温和高压会使金属表面疲劳,时间一长,会造成金属表面的侵蚀、剥落,甚至出现海绵状的小洞穴。这种由于气穴造成的对金属表面的腐蚀作用称为气蚀。气蚀会缩短元件的使用寿命,严重时,会造成故障。

2. 减少气穴现象的措施

为减少气穴现象和气蚀的危害,一般采取如下一些措施:

(1) 减小阀孔或其他元件通道前后的压力降,一般使压力比 $p_1/p_2 < 3.5$。

(2) 尽量降低液压泵的吸油高度,采用内径较大的吸油管并少用弯头,吸油管端的过滤器容量要大,以减小管道阻力,必要时,对大流量泵采用辅助泵供油。

(3) 各元件的联接处要密封可靠,防止空气进入。

(4) 对容易产生气蚀的元件,如泵的配油盘等,要采用抗腐蚀能力强的金属材料,增强元件的机械强度。

小　　结

本章主要介绍了有关液压传动的流体力学基础,重点介绍了液压油的性质、液体静压方程、连续性方程、伯努力方程、动量方程、压力损失、小孔流量的计算等内容。本章内容理论性较强,学习时,应理解基本概念,并会应用公式解决问题。学习本章时,应重点掌握两个重要特性:一是液压系统的压力取决于负载,而与流量无关;二是负载的运动速度取决于流量,而与压力无关。

习　　题

1. 为什么压力会有多种测量方法和表示单位?

2. 为什么说压力是能量的一种表现形式?

3. 液压传动中,传递力是依据什么原理?

4. 为什么能依据雷诺数来判别流态?它的物理意义是什么?

5. 伯努利方程的物理含义是什么?

6. 试述稳态液动力产生的原因。

7. 为什么减缓阀门的关闭速度可以降低液压冲击?

8. 为什么在液压传动中对管道内油液的最大流速要加以限制?

9. 如题 2-9 图所示,充满液体的倒置 U 形管,一端位于一液面与大气相通的容器中,另一端位于一密封容器中。容器与管中液体相同,密度 $\rho = 1\,000\ \text{kg/m}^3$。在静止状态下,$h_1 = 0.5\ \text{m}$,$h_2 = 2\ \text{m}$。试求在 A、B 两处的真空度。

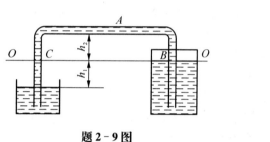

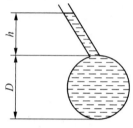

题 2-9 图　　　　　　　　　题 2-10 图

10. 有一水平放置的圆柱形油箱,油箱上端装有题 2-10 图所示的油管,油管直径为 20 mm。油管一端与大气相通。已知圆柱直径 $D = 300\ \text{mm}$,油管中的液柱高度如图所示,为 $h = 600\ \text{mm}$。油液密度 $\rho = 900\ \text{kg/m}^3$。试求作用在圆柱油箱端部圆形侧面的总液压力。

11. 如题 2-11 图所示一直径 $D = 30\ \text{m}$ 的储油罐,其近底部的出油管直径 $d = 20\ \text{mm}$,出油管中心与储油罐液面相距 $H = 20\ \text{m}$。设油液密度 $\rho = 900\ \text{kg/m}^3$。假设在出油过程中油罐液面高度不变,出油管处压力表读数为 0.045 MPa,忽略一切压力损失且动能修正系数均为 1 的条件下,试求装满体积为 10 000 L 的油车需要多少时间。

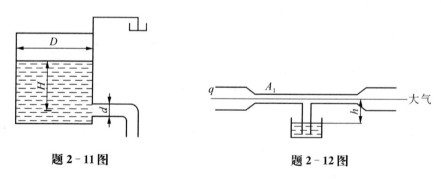

题 2-11 图　　　　　　　　　题 2-12 图

12. 如题 2-12 图所示的水平放置的抽吸装置,其出口和大气相通,细管处的截面积 $A_1 = 3.2\ \text{cm}^2$,出口处管道截面积 $A_2 = 4A_1$,如果装置中心轴线与液箱液面相距 $h = 1\ \text{m}$,且液体为理想液体,试求开始抽吸时水平管道中通过的流量 q。

13. 若通过一薄壁小孔的流量 $q = 10\ \text{L/min}$ 时,孔前、后压差为 0.2 MPa,孔的流量系数 $C_d = 0.62$,油液密度 $\rho = 900\ \text{kg/m}^3$。试求该小孔的通流面积。

3 液压动力元件

液压动力元件是液压传动系统中重要的组成部分,它是一种把电动机(或其他原动机)输出的机械能转换成液体压力能的转换装置,其作用是为液压传动系统提供压力油。常见的各种液压泵就是液压动力元件,液压系统中常用的液压泵有齿轮泵、叶片泵、柱塞泵三大类。

【本章学习目标】
1. 掌握齿轮泵、叶片泵、柱塞泵的工作原理及组成;
2. 掌握容积式液压泵各项性能参数、效率的意义及有关计算;
3. 掌握液压泵的拆装方法;
4. 了解限压式变量叶片泵的工作原理;
5. 了解液压泵的选用。

3.1 液压泵基本概念

3.1.1 容积式液压泵的工作原理

图 3-1-1 所示为一单柱塞液压泵的工作原理图,图中柱塞 2 装在缸体 3 中形成一个密封容积 a,柱塞在弹簧 4 的作用下始终压紧在偏心轮 1 上。原动机驱动偏心轮 1 旋转使柱塞 2 作往复运动,使密封容积 a 的大小发生周期性的交替变化。当 a 的密封容积由小变大时,就形成部分真空,使油箱中油液在大气压作用下,经吸油管顶开单向阀 6 进入容积 a 而实现吸油;反之,当 a 的密封容积由大变小时,a 腔中吸满的油液将顶开单向阀 5 流入系统而实现压油。这样,液压泵就将原动机输入的机械能转换成液体的压力能,原动机驱动偏心轮不断旋转,液压泵就不断地吸油和压油。

由此可见,液压泵是依靠密封容积的容积变化原理来进行工作的,故一般称为容积式液压泵,其排油量的大小取决于密封腔的容积变化量。容积式液压泵工作时,有以下三个必要条件:

(1) 具有若干个密封且又可以周期性变化的空间。液压泵输出流量与此空间的容积变化量和单位时间内的变化次数成正比,与其他因素无关。这是容积式液压泵的一个重要特性。

（2）油箱内液体的绝对压力必须恒等于或大于大气压力。这是容积式液压泵能够吸入油液的外部条件。因此,为保证液压泵正常吸油,油箱必须与大气相通,或采用密闭的充压油箱。

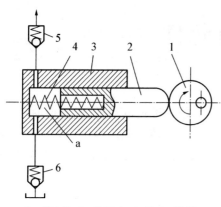

1—偏心轮;2—柱塞;3—缸体;4—弹簧;
5—单向阀;6—单向阀;a—密封容积

图 3-1-1　单柱塞液压泵的工作原理

（3）具有相应的配油机构,将吸油腔和排液腔隔开,保证液压泵有规律地、连续地吸、排液体。液压泵的结构原理不同,其配油机构也不相同。如图3-1-1中所示的单向阀5、6就是配油机构。

容积式液压泵中的油腔处于吸油时称为吸油腔。吸油腔的压力决定于吸油高度和吸油管路的阻力,吸油高度过高或吸油管路阻力太大,会使吸油腔真空度过高而影响液压泵的自吸能力。液压泵中的油腔处于排油时称为压油腔,压油腔的压力则取决于外负载和排油管路的压力损失,从理论上讲,排油压力与液压泵的流量无关。

液压泵按其在单位时间内所能输出的油液的体积是否可调节而分为定量泵和变量泵两类;按泵的输油方向能否改变,可分为单向泵和双向泵;按结构形式,可分为齿轮式、叶片式和柱塞式三大类。液压泵的图形符号见表3-1-1。

表 3-1-1　　　　　　　　　　　　　　液压泵图形符号

名称 ＼ 类别	单向定量泵	双向定量泵	单向变量泵	双向变量泵	双联单向定量泵
液压泵					

3.1.2　液压泵的主要性能参数

1. 液压泵的压力

（1）工作压力 p

液压泵实际工作时的输出压力称为工作压力。工作压力的大小取决于外负载和排油管路上的压力损失,而与液压泵的流量无关。当外界负载增加时,液压泵的工作压力升高;当负载减小时,液压泵工作压力下降。当排油管路的压力损失增大时,可引起液压泵的工作压力升高。

（2）额定压力 p_n

按试验标准规定,在正常工作条件下,液压泵连续运转允许达到的最高工作压力称为液压泵的额定压力。超过此压力值就是过载,额定压力受液压泵本身的泄漏、结构强度等方面的限制。为满足不同工况液压系统的应用要求,便于液压元件的选择使用,将液压泵的压力分为几个等级,按液压泵额定压力的高低可分为低压泵、中压泵和高压泵三大类。齿轮泵和叶片泵多用于中、低压系统,柱塞泵多用于高压系统。压力分级见表 3-1-2。

表 3-1-2 　　　　　　　　　　　压力分级

压力等级	低 压	中 压	中高压	高 压	超高压
压力/MPa	$\leqslant 2.5$	$2.5\sim 8$	$8\sim 16$	$16\sim 32$	>32

(3) 最高允许压力 p_{max}

在超过额定压力的条件下,根据试验标准规定,允许液压泵短暂运行的最高压力值,称为液压泵的最高允许压力。超过这个压力运转,液压泵将很快损坏。

2. 液压泵的排量

排量 V 是指液压泵每转一周,由其密封容积几何尺寸变化计算而得的排出液体的体积叫液压泵的排量。也可以认为,排量是液压泵不考虑泄漏的情况下泵轴转一周所排出的体积,排量的国际标准单位为 m^3/r,实际应用中,常用单位是 mL/r。排量可调节的液压泵称为变量泵;排量为常数的液压泵则称为定量泵。

3. 液压泵的流量

(1) 理论流量 q_t

理论流量是指在不考虑液压泵流量泄漏的情况下,单位时间内所排出的液体的体积。理论流量与工作压力无关,流量的国际标准单位为 m^3/s,实际应用中,一般可取为 L/min,显然,如果液压泵的排量为 V,其泵转轴转速为 n,则

$$q_t = Vn \tag{3-1}$$

(2) 实际流量 q_p

液压泵在某一具体工况下,单位时间内所排出的液体体积称为实际流量。显然,由于液压泵存在泄漏,实际流量小于理论流量。实际流量等于理论流量 q_t 减去泄漏流量 Δq,即

$$q_p = q_t - \Delta q \tag{3-2}$$

容积式液压泵排油的理论流量取决于液压泵的有关几何尺寸和转速,而与排油压力无关。但排油压力会影响泵的内泄露和油液的压缩量,从而影响泵的实际输出流量,所以,液压泵的实际输出流量随排油压力的升高而降低。

(3) 额定流量 q_n

液压泵在正常工作条件下,在额定压力和额定转速下输出的实际流量称为额定流量。

4. 液压泵的效率和功率

液压泵的效率由容积效率和机械效率两部分组成。

(1) 容积效率 η_V

容积损失是指液压泵流量上的损失,液压泵的实际输出流量总是小于其理论流量,其主要原因是由于液压泵内部高压腔的泄漏、油液的压缩以及在吸油过程中由于吸油阻力太大、油液粘度大以及液压泵转速高等原因而导致油液不能全部充满密封工作腔。液压泵的容积损失用容积效率 η_V 来表示,它等于液压泵的实际输出流量 q_p 与其理论流量 q_t 之

比，即

$$\eta_V = \frac{q_p}{q_t} = \frac{q_t - \Delta q}{q_t} = 1 - \frac{\Delta q}{q_t} \tag{3-3}$$

因此，液压泵的实际输出流量 q_p 为

$$q_p = \eta_V q_t = \eta_V V n \tag{3-4}$$

式中　V——液压泵的排量（$\mathrm{m^3/r}$）；

　　　n——液压泵的转速（$\mathrm{r/s}$）。

液压泵的容积效率随着液压泵工作压力的增大而减小，且随液压泵的结构类型不同而异，但恒小于 1。

（2）机械效率 η_m

机械损失是指液压泵在转矩上的损失。液压泵的实际输入转矩 T_p 总是大于理论上所需要的转矩 T_t，其主要原因是由于液压泵体内相对运动部件之间因机械摩擦而引起的摩擦转矩损失以及液体的粘性而引起的摩擦损失。液压泵的机械损失用机械效率 η_m 表示，它等于液压泵的理论转矩 T_t 与实际输入转矩 T_p 之比，设转矩损失为 ΔT，则液压泵的机械效率为

$$\eta_m = \frac{T_t}{T_p} = \frac{T_t}{T_t + \Delta T} = \frac{1}{1 + \dfrac{\Delta T}{T_t}} \tag{3-5}$$

（3）液压泵的功率

① 输入功率 P_i　液压泵的输入功率是指作用在液压泵主轴上的机械功率，液压泵的输入功率来自电机的输出功率。当输入转矩为 T_p（$\mathrm{N \cdot m}$）、角速度为 ω（$\mathrm{rad/s}$）时，有

$$P_i = \omega T_p \tag{3-6}$$

② 输出功率 P_o　液压泵的输出功率是指液压泵在工作过程中的实际吸、压油口间的压差 Δp 和实际输出流量 q_p 的乘积，即

$$P_o = \Delta p q_p \tag{3-7}$$

式中　P_i，P_o——液压泵的输入和输出功率（$\mathrm{N \cdot m/s}$ 或 W）；

　　　Δp——液压泵吸、压油口之间的压力差（$\mathrm{N/m^2}$ 或 Pa）；

　　　q_p——液压泵的实际输出流量（$\mathrm{m^3/s}$）。

在实际计算中，若油箱通大气，液压泵吸、压油的压力差往往用液压泵出口压力 p 代入。

③ 液压泵的总效率　液压泵的总效率是指液压泵的实际输出功率与其输入功率的比值，即

$$\eta = \frac{P_o}{P_i} = \frac{\Delta p q_p}{\omega T_p} = \frac{\Delta p \eta_V q_t}{\dfrac{\omega T_t}{\eta_m}} = \eta_V \eta_m \tag{3-8}$$

其中，$\Delta p q_t = \omega T_t$，为理论输出功率与理论输入功率相等。

由式（3-8）可知，液压泵的总效率等于其容积效率与机械效率的乘积。

液压泵的各个参数和压力之间的关系如图 3-1-2 中的液压泵特性曲线所示。液压泵的特性曲线是在一定工作介质、转速和温度下进行试验作出的,从图可以看出,液压泵的容积效率 η_V 随泵的工作压力 p 的升高而降低,当工作压力为零(泵空载)时,容积效率最高,此时,理论流量与实际流量相等。泵的总效率 η 随工作压力的升高而增大,当接近额定压力时,总效率最高。

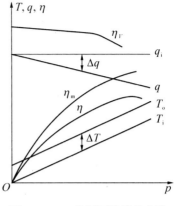

图 3-1-2　液压泵的特性曲线

例 3-1　某液压泵的额定转速 $n = 970$ r/min,额定流量 $q_n = 50$ L/min,额定压力 $p_n = 6$ MPa,泵的总效率 $\eta = 0.8$,试求:

1. 该泵选配的电动机功率是多少?

2. 若某工况液压系统要求该泵的工作压力为 5 MPa,则应为该泵选配的电动机功率是多少?

解: 一般根据液压泵的使用工况确定驱动电机的功率。当不明确液压泵的使用场合时,可按照液压泵的各个额定值进行功率计算;当泵的使用工况已知时,则应该按照实际使用的压力进行功率计算。

(1) 因为不知道泵的使用工况,则此时按照液压泵的额定值进行功率计算:

$$P_i = \frac{p_n q_n}{\eta} = \frac{6 \times 10^6 \times 50 \times 10^{-3}}{0.8 \times 60} = 6\,250 \text{ W}$$

(2) 因为泵的实际使用工况已经确定,所以应该根据泵的实际工作压力进行功率计算:

$$P_i = \frac{p q_n}{\eta} = \frac{5 \times 10^6 \times 50 \times 10^{-3}}{0.8 \times 60} = 5\,208.3 \text{ W}$$

3.2　齿　轮　泵

齿轮泵是液压系统中广泛采用的一种液压泵,它一般做成定量泵,按结构不同,齿轮泵分为外啮合齿轮泵和内啮合齿轮泵,外啮合齿轮泵应用最广,本节做重点介绍。

齿轮泵的主要优点是结构简单、制造方便、价格低廉、体积小、重量轻、自吸性能好、对油液污染不敏感、工作可靠、寿命长和便于维护修理等;其主要缺点是流量和压力脉动较大、噪声较大和排量不可调。

3.2.1　外啮合齿轮泵的工作原理

外啮合齿轮泵的工作原理如图 3-2-1 所示,其主要结构由泵体、一对啮合的齿轮、泵轴和前、后泵盖组成。泵体内装有一对参数相同的齿轮,齿轮的两端面靠前、后泵盖(图中未画出)密封。泵体、泵盖和齿轮各个齿槽组成封闭的密封容积。齿轮泵无专门的配流装置,两轮齿沿齿宽方向的啮合线把密封容积分成吸油腔和压油腔两部分,在吸油与压油过

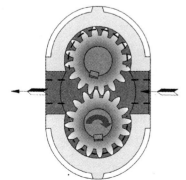

图 3-2-1　外啮合型齿轮泵
工作原理

程中互不相通。

当泵的主动齿轮按图示箭头方向旋转时,齿轮泵右侧(吸油腔)齿轮脱开啮合,使密封容积增大,形成局部真空,油箱中的油液在外界大气压的作用下,经吸油管路、吸油腔进入齿间。随着齿轮的旋转,吸入齿间的油液被带到另一侧,进入压油腔。这时,轮齿进入啮合,使密封容积逐渐减小,齿轮间部分的油液被挤出,形成了齿轮泵的压油过程。齿轮啮合时,齿向接触线把吸油腔和压油腔分开,起配油作用。当齿轮不断旋转时,吸油腔不断吸油,压油腔不断压油。

3.2.2 齿轮泵的结构

CB-B齿轮泵的结构如图3-2-2所示,它是分离三片式结构,三片是指泵盖4、8和泵体7,泵体7内装有一对参数相同、宽度和泵体接近而又互相啮合的齿轮6,这对齿轮与两端盖和泵体形成一密封腔,并由齿轮的齿顶和啮合线把密封腔划分为两部分,即吸油腔和压油腔。两齿轮分别用键固定在由滚针轴承支承的主动轴12和从动轴15上,主动轴由电动机带动旋转。

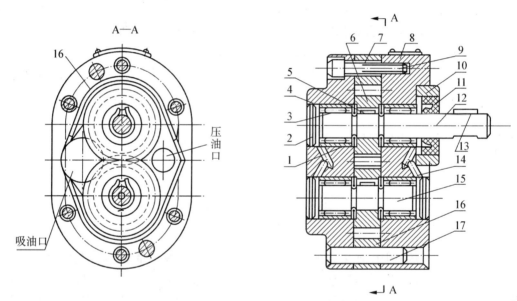

1—轴承外环;2—堵头;3—滚子;4—后泵盖;5—键;6—齿轮;7—泵体;8—前泵盖;9—螺钉;
10—压环;11—密封环;12—主动轴;13—键;14—泻油孔;15—从动轴;16—泻油槽;17—定位销

图3-2-2 CB-B齿轮泵的结构

泵的前、后盖和泵体由两个定位销17定位,用六只螺钉固紧。为了保证齿轮能灵活地转动,同时又要保证泄漏最小,在齿轮端面和泵盖之间应有适当间隙(轴向间隙),对小流量泵轴向间隙为0.025~0.04 mm,大流量泵为0.04~0.06 mm。齿顶和泵体内表面间的间隙(径向间隙),由于密封带长,同时,齿顶线速度形成的剪切流动又与油液泄漏方向相反,故对泄漏的影响较小,这里要考虑的问题是:当齿轮受到不平衡的径向力后,应避免齿顶和泵体内壁相碰,所以,径向间隙就可稍大,一般取0.13~0.16 mm。

为了防止压力油从泵体和泵盖间泄漏到泵外,并减小压紧螺钉的拉力,在泵体两侧的端面上开有泻油槽16,使渗入泵体和泵盖间的压力油引入吸油腔。在泵盖和从动轴上的小孔,其作用将泄漏到轴承端部的压力油也引到泵的吸油腔去,防止油液外溢,同时也润滑了滚针轴承。

CB-B齿轮泵属于中低压泵,无法承受高压,额定压力一般为 2.5 MPa,排量为 2.5～125 mL/r,转速为 1 450 r/min。主要用于机床液压系统及各种补油、润滑、冷却系统。

3.2.3 齿轮泵的排量和流量计算

齿轮泵的排量 V 相当于一对齿轮所有齿槽容积之和,假如齿槽容积大致等于轮齿的体积,那么,齿轮泵的排量等于一个齿轮的齿槽容积和轮齿容积体积的总和,即相当于以有效齿高($h = 2m$)和齿宽构成的平面所扫过的环形体积,即

$$V = \pi DhB = 2\pi zm^2 B \tag{3-9}$$

式中 D——齿轮分度圆直径,$D = mz$(cm);

  h——有效齿高,$h = 2m$(cm);

  B——齿轮宽(cm);

  m——齿轮模数(cm);

  z——齿数。

实际上,齿槽的容积要比轮齿的体积稍大,故上式中的 π 常以 3.33 代替,则式(3-9)可写成

$$V = 6.\dot{6}6zm^2 B \tag{3-10}$$

齿轮泵的实际流量 q(L/min)为

$$q = 6.66zm^2 Bn\eta_V \times 10^{-3} \tag{3-11}$$

式中 n——齿轮泵转速(r/min);

  η_V——齿轮泵的容积效率。

实际上,齿轮泵的输油量是有脉动的,故式(3-11)所表示的是泵的平均输油量。

从上面公式可以看出流量和几个主要参数的关系如下:

(1)输油量与齿轮模数 m 的平方成正比。

(2)在泵的体积一定时,齿数少,模数就大,故输油量增加,但流量脉动大,流量脉动引起压力脉动,随之引起振动和噪声;齿数增加时,模数就小,输油量减少,流量脉动也小。高精度机械不宜采用外啮合齿轮泵。用于普通机床上的低压齿轮泵,取 $z = 13 \sim 19$,而对中高压齿轮泵,取 $z = 6 \sim 14$,因为齿数 $z < 14$ 时,齿轮要进行修正。

(3)输油量与齿宽 B、转速 n 成正比。一般,齿宽 $B = (6 \sim 10)m$;转速 n 为 730 r/min、970 r/min、1 450 r/min,转速过高,会造成吸油不足;转速过低,泵也不能正常工作。一般,齿轮的最大圆周速度不应大于 5～6 m/s。

3.2.4 齿轮泵存在的问题

1. 齿轮泵的困油问题

齿轮泵要能连续地供油,就要求齿轮啮合的重合度 ε 大于1,也就是当一对齿轮尚未脱开啮合时,另一对齿轮已进入啮合,这样,就出现同时有两对齿轮啮合的瞬间,在两对齿轮的齿向啮合线之间形成了一个封闭容积,一部分油液也就被困在这一封闭容积中,见图 3-2-3(a)。齿

轮连续旋转时,这一封闭容积便逐渐减小,到两啮合点处于节点两侧的对称位置时,见图3-2-3(b),封闭容积为最小,齿轮再继续转动时,封闭容积又逐渐增大,直到图3-2-3（c）所示位置时,容积又变为最大。在封闭容积减小时,被困油液受到挤压,压力急剧上升,使轴承上突然受到很大的冲击载荷,使泵剧烈振动,这时,高压油从一切可能泄漏的缝隙中挤出,造成功率损失,使油液发热等。当封闭容积增大时,由于没有油液补充,因此形成局部真空,使原来溶解于油液中的空气分离出来,形成了气泡,油液中产生气泡后,会引起噪声、气蚀等一系列恶果。以上情况就是齿轮泵的困油现象。这种困油现象极为严重地影响着泵的工作平稳性和使用寿命。

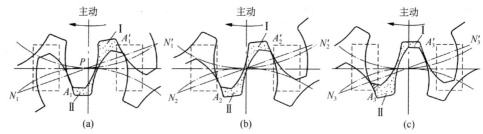

图 3-2-3 齿轮泵的困油现象

为了消除困油现象,在CB-B型齿轮泵的泵盖上铣出两个困油卸荷凹槽,其几何关系如图3-2-4所示。卸荷槽的位置应该使困油腔由大变小时,能通过卸荷槽与压油腔相通,而当困油腔由小变大时,能通过另一卸荷槽与吸油腔相通。两卸荷槽之间的距离为 a ,必须保证在任何时候都不能使压油腔和吸油腔互通。

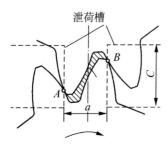

图 3-2-4 齿轮泵的困油卸荷槽图

按上述对称开的卸荷槽,当困油封闭腔由大变至最小时(图3-2-4),由于油液不易从即将关闭的缝隙中挤出,故封闭油压仍将高于压油腔压力;齿轮继续转动,当封闭腔和吸油腔相通的瞬间,高压油又突然和吸油腔的低压油相接触,会引起冲击和噪声。于是,CB-B型齿轮泵将卸荷槽的位置整个向吸油腔侧平移了一个距离。这时,封闭腔只有在由小变至最大时才与压油腔断开,油压没有突变,封闭腔和吸油腔接通时,封闭腔不会出现真空,也没有压力冲击,这样改进后,使齿轮泵的振动和噪声得到了进一步改善。

2. 齿轮泵的径向不平衡力

齿轮泵工作时,在齿轮和轴承上承受径向液压力的作用。如图3-2-5所示,泵的下侧为吸油腔,上侧为压油腔。在压油腔内有液压力作用于齿轮上,沿着齿顶的泄漏油,具有大小不等的压力,就使齿轮和轴承受到的径向力不平衡。液压力越高,这个不平衡力就越大,其结果不仅加速了轴承的磨损,降低了轴承的寿命,甚至使轴变形,造成齿顶和泵体内壁的摩擦等。为了解决径向力不平衡问题,在有些齿轮泵上,采用开压力平衡槽的办法来消除径向不平衡力,见图3-2-6所示。但这将使泄漏增大,容积效率降低等。CB-B型齿轮泵则采用缩小压油腔,以减少液压力对齿顶部分的作用面积来减小径向不平衡力,所以,泵的压油口孔径比吸油口孔径要小。

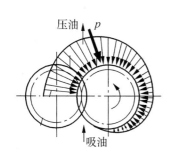

图 3 - 2 - 5　齿轮泵的径向不平衡力

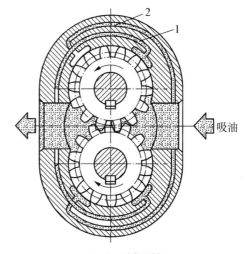

1、2—平衡油槽

图 3 - 2 - 6　在端盖上开平衡槽

3. 齿轮泵的泄漏

在液压泵中,运动件间是靠微小间隙密封的,这些微小间隙从运动学上形成摩擦副,而高压腔的油液通过间隙向低压腔泄漏是不可避免的;齿轮泵压油腔的压力油可通过三条途径泄漏到吸油腔去:一是通过齿轮啮合线处的间隙(齿侧间隙);二是通过泵体定子环内孔和齿顶间隙的径向间隙(齿顶间隙);三是通过齿轮两端面和侧板间的间隙(端面间隙)。在这三类间隙中,端面间隙的泄漏量最大,可占 70% ~ 80%,压力越高,由间隙泄漏的液压油液就愈多,因此,外啮合齿轮泵容积效率低,一般只适合应用于低压场合。

上述齿轮泵由于泄漏大,且存在径向不平衡力,故压力不易提高。为了实现齿轮泵的高压化,提高齿轮泵的压力和容积效率,需要从结构上采取措施。高压齿轮泵就是针对上述问题采取了一些措施,如:尽量减小径向不平衡力和提高轴与轴承的刚度;对泄漏量最大处的端面间隙,采用了自动补偿装置;等等。外啮合齿轮泵在采取了一系列的高压化措施后,额定压力已达 32 MPa。

3.2.5　内啮合齿轮泵

内啮合齿轮泵有渐开线齿形和摆线齿形两种。这两种内啮合泵工作原理和主要特点皆同于外啮合齿轮泵,也是利用齿间密封容积的变化来实现吸、压油的。内啮合摆线齿轮泵有许多优点,如泵的结构紧凑,尺寸小,零件少,重量轻,运转平稳,噪声低,无困油现象,效率高,使用寿命长,在高转速工作时,有较高的容积效率。内啮合泵的缺点是齿形复杂,加工困难,价格较贵,在低速、高压下工作时,由于齿数较少(一般为 4 ~ 7 个),流量、压力脉动大,啮合处泄漏大,容积效率低,不适合高速、高压工况,所以,一般用于中、低压系统,工作压力为2.5 ~ 7 MPa,通常作为润滑、补油等辅助泵使用。

图 3 - 2 - 7(a)所示是内啮合渐开线齿轮泵的工作原理图,配油盘(前、后盖)图中未画出,主动小齿轮 1 带动从动内齿轮 2 同向转动,在吸油窗口 4 处齿轮相互分离形成负压而吸入油液,主动小齿轮和从动内齿轮之间要装一块月牙隔板 3,以便把吸油区 4 和压油区 5 隔开,两轮在压油区 5 处不断嵌入啮合而将油液挤压输出。由于这种独特结构,所以特别适用于输送粘度大的介质,可用于输送石油、化工、涂料、染料、食品、油脂、医药等行业中的流体。

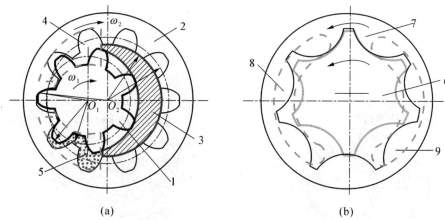

(a)   (b)

1—主动小齿轮；2—从动内齿轮；3—月牙隔板；4、8—吸油窗口；
5、9—压油窗口；6—主动小齿轮；7—从动内齿轮

图 3 - 2 - 7　内啮合齿轮泵的工作原理

图 3 - 2 - 7(b)所示是内啮合摆线齿轮泵的工作原理图。它是由配油盘(即前、后盖,图中未画出)、偏心安置的主动小齿轮 6 和泵体内的从动内齿轮 7 等组成。主动小齿轮 6 和从动内齿轮 7 相差一齿,由于两轮是多齿啮合,这就形成了若干密封容积。当主动小齿轮 6 围绕中心旋转时,带动从动内齿轮 7 作同向旋转,这时,吸油窗口 8 处两轮形成的密封容积逐渐扩大,于是就形成局部真空,油液从配油窗口被吸入密封腔,至封闭容积最大时吸油完毕。当转子继续旋转时,充满油液的密封容积便逐渐减小,油液受挤压,于是,通过压油区 9 将油排出。主动小齿轮 6 每转一周,由主动小齿轮 6 齿顶和从动内齿轮 7 齿谷所构成的每个密封容积完成吸、压油各一次,当内转子连续转动时,即完成了液压泵的吸、排油工作。

3.3　叶片泵

叶片泵被广泛应用于塑料机械、机械制造中的专用机床、自动线等中低压液压系统中。叶片泵的优点是工作压力较高,且流量脉动小,工作平稳,噪声较小,寿命较长。缺点是结构较齿轮泵复杂,吸油特性不太好,对油液污染比较敏感。

根据各密封工作容积在转子旋转一周吸、排油液次数的不同,叶片泵分为单作用叶片泵和双作用叶片泵。转子旋转一周,完成一次吸、排油液的叫单作用叶片泵。完成两次吸、排油液的叫双作用叶片泵。单作用叶片泵多为变量泵,工作压力最大为 7 MPa,双作用叶片泵均为定量泵,一般最大工作压力亦为 7 MPa,结构经改进的高压叶片泵最大的工作压力可达 16～21 MPa。

3.3.1　单作用叶片泵

1. 单作用叶片泵的工作原理

单作用叶片泵的工作原理如图 3 - 3 - 1 所示,

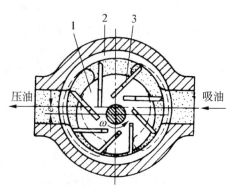

1—转子；2—定子；3—叶片

图 3 - 3 - 1　单作用叶片泵的工作原理

单作用叶片泵由转子1、定子2、叶片3和端盖等组成。转子以角速度ω逆时针旋转,定子具有圆柱形内表面,定子和转子间有偏心距e。叶片装在转子槽中,并可在槽内滑动,当转子回转时,由于离心力的作用,使叶片紧靠在定子内壁,这样在定子、转子、叶片和两侧配油盘间就形成若干个密封的工作空间,当转子按图示的方向回转时,在图的右部,叶片逐渐伸出,叶片间的工作空间逐渐增大,从吸油口吸油,这是吸油腔。在图的左部,叶片被定子内壁逐渐压进槽内,工作空间逐渐缩小,将油液从压油口压出,这是压油腔,在吸油腔和压油腔之间,有一段封油区,把吸油腔和压油腔隔开,这种叶片泵在转子每转一周,每个工作空间完成一次吸油和压油,因此称为单作用叶片泵。转子不停地旋转,泵就不断地吸油和压油。

2. 单作用叶片泵的排量和流量脉动特点

单作用叶片泵的排量为各工作容积在主轴旋转一周时所排出的液体的总和(见式(3-12)),排量与偏心距e、定子内径R、定子宽度B成正比。

$$V = 4\pi RBe \qquad (3-12)$$

单作用叶片泵的流量是有脉动的,理论分析表明,泵内叶片数越多,流量脉动率越小,此外,奇数叶片泵的脉动率比偶数叶片的泵的脉动率小,所以,单作用叶片泵的叶片数均为奇数,一般为13片或15片。

3. 单作用叶片泵的结构特点

(1)定子和转子偏心安置

改变定子和转子之间的偏心距e,便可改变流量,故单作用叶片泵常做成变量泵。此外,偏心反向时,吸油压油方向也相反。

(2)叶片受力情况

处在压油腔的叶片顶部受到压力油的作用,该作用要把叶片推入转子槽内。为了使叶片顶部可靠地和定子内表面相接触,压油腔一侧的叶片底部要通过特殊的沟槽和压油腔相通。吸油腔一侧的叶片底部要和吸油腔相通,这里的叶片仅靠离心力的作用顶在定子内表面上。

(3)径向液压不平衡力

单作用叶片泵的工作原理决定了转子上的径向液压作用力是不平衡的,因而轴承负荷较大,因此,泵的工作压力的提高受到限制,所以,这种泵一般不宜用于高压。

(4)叶片后倾

为了更有利于叶片在惯性力作用下向外伸出,而使叶片有一个与旋转方向相反的倾斜角,称后倾角,一般为24°。

3.3.2 双作用叶片泵

1. 双作用叶片泵的工作原理

双作用叶片泵的工作原理如图3-3-2所示,泵由定子1、转子2、叶片3和配油盘(图中未画出)等组成。定子内表面近似为椭圆柱形,该椭圆形由两段长半径R、两段短半径r和四段过

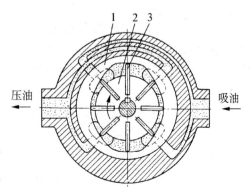

1—定子;2—转子;3—叶片

图3-3-2 双作用叶片泵的工作原理

渡曲线所组成。当转子转动时,叶片在离心力和根部压力油的作用下,在转子槽内作径向移动而压向定子内表面,由叶片、定子的内表面、转子的外表面和两侧配油盘间形成若干个密封空间。当转子按图示方向旋转时,处在小圆弧上的密封空间经过渡曲线而运动到大圆弧的过程中,叶片外伸,密封空间的容积增大,要吸入油液;再从大圆弧经过渡曲线运动到小圆弧的过程中,叶片被定子内壁逐渐压进槽内,密封空间容积变小,将油液从压油口压出,因而,当转子每转一周,每个工作空间要完成两次吸油和压油,所以称之为双作用叶片泵。这种叶片泵由于有两个吸油腔和两个压油腔,并且各自的中心夹角是对称的,所以,作用在转子上的油液压力相互平衡,因此,双作用叶片泵又称为卸荷式叶片泵,为了要使径向力完全平衡,密封空间数(即叶片数)应当是双数。由于转子和定子中心重合,所以,这种泵的排量不可调,为定量泵。

2. 双作用叶片泵的结构特点

（1）配油盘

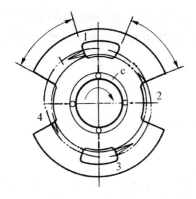

双作用叶片泵的配油盘如图3-3-3所示,在盘上有两个吸油窗口2、4和两个压油窗口1、3,窗口之间为封油区。通常应使封油区对应的中心角 β 稍大于或等于两个叶片之间的夹角,否则会使吸油腔和压油腔连通,造成泄漏,当两个叶片间密封油液从吸油区过渡到封油区(长半径圆弧处)时,其压力基本上与吸油压力相同,但当转子再继续旋转一个微小角度时,使该密封腔突然与压油腔相通,使其中油液压力突然升高,油液的体积突然收缩,压油腔中的油倒流进该腔,使液压泵的瞬时流量突然减小,引起液压泵的流量脉动、压力脉动和噪声,为此在配油盘的压油窗口靠叶片从封油区进入压油区的一边开有一个截面形状为三角形的三角槽(又称眉毛槽),其作

1、3—压油窗口;2、4—吸油窗口;c—环形槽

图3-3-3 配油盘

用是使两叶片之间的封闭油液在未进入压油区之前就通过该三角槽与压力油相连,其压力逐渐上升,因而缓减了流量和压力脉动,并降低了噪声。配流盘上的环形槽c使压油腔与转子叶片槽底部相通,使叶片的底部作用有压力油,叶片在底部液压作用力和离心力的作用下紧贴定子内表面,保证了可靠的密封。

（2）定子曲线

定子曲线是由四段圆弧和四段过渡曲线组成的。过渡曲线应保证叶片贴紧在定子内表面上,保证叶片在转子槽中径向运动时速度和加速度的变化均匀,使叶片对定子的内表面的冲击尽可能的小。定子曲线的形状与叶片泵的噪声、效率、流量的均匀性和寿命等性能有很大的关系。

过渡曲线如采用阿基米德螺旋线,则叶片泵的流量理论上没有脉动,可是叶片在大、小圆弧和过渡曲线的连接点处产生很大的径向加速度,对定子产生冲击,造成连接点处严重磨损,并发生噪声,在连接点处采用小圆弧进行修正,可以改善这种情况。近年很少采用阿基米德螺旋线,在较为新式的YB型叶片泵定子曲线中采用"等加速-等减速"曲线。

（3）叶片的倾角

叶片在工作过程中,受离心力和叶片根部压力油的作用,使叶片与定子紧密接触。当叶片转至压油区时,定子内表面迫使叶片推向转子中心,它的工作情况与凸轮相似,叶片与定子内表面接触有一压力角 β,且大小是变化的,其变化规律与叶片径向速度变化规律相同,即从零逐渐增加到最大,又从最大逐渐减小到零,定子对叶片的反力 F 在垂直叶片方向的分力为 $F_T = F\sin\beta$,由于该力的作用,使叶片产生弯曲,同时使叶片压紧在叶片槽的侧壁上,增大了叶片径向运动的摩擦力,压力角 β 越大,F_T 越大,β 增大到一定值时,叶片会卡死,因而在双作用叶片泵中,将叶片顺着转子回转方向 ω' 前倾一个 θ 角,使压力角减小到 $\beta-\theta$,这样,就可以减小侧向力 F_T,使叶片在槽中移动灵活,并可减少磨损,如图 3-3-4 所示,A 点为叶片与定子的接触点。根据双作用叶片泵定子内表面的几何参数,其压力角的最大值 $\beta_{max} \approx 24°$。一般取 $\theta = \frac{1}{2}\beta_{max}$,因而叶片泵叶片的倾角 θ 一般为 $10°\sim14°$。YB 型叶片泵叶片相对于转子径向连线前倾 $13°$。但近年的研究表明,叶片倾角并非完全必要,某些高压双作用叶片泵的转子槽是径向的,且使用情况良好。

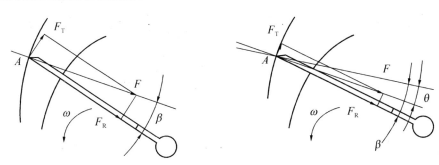

图 3-3-4　叶片的倾角

3. 双作用叶片泵的流量脉动特点

双作用叶片泵如不考虑叶片厚度,其排量公式为

$$V = 2\pi(R^2 - r^2)B \tag{3-13}$$

泵的输出流量是均匀无脉动的,但实际叶片是有厚度的,长半径圆弧和短半径圆弧也不可能完全同心,尤其是叶片底部槽与压油腔相通,因此,泵的输出流量将出现微小的脉动,但其脉动率较其他形式的泵(螺杆泵除外)小得多,且在叶片数为 4 的整数倍且大于 8 时最小,为此,双作用叶片泵的叶片数一般为 12 片或 16 片。

4. 提高双作用叶片泵压力的措施

为了实现叶片泵的高压化,需要对轴向间隙进行自动补偿,以减小叶片泵的泄漏,提高容积效率,此外,要对叶片进行液压平衡,以减小吸油区叶片对定子内表面的压紧力。

由于一般双作用叶片泵的叶片底部通压力油,就使得处于吸油区的叶片顶部和底部的液压作用力不平衡,叶片顶部以很大的压紧力抵在定子吸油区的内表面上,使磨损加剧,影响叶片泵的使用寿命,尤其是工作压力较高时,磨损更严重,因此,吸油区叶片两端压力不平衡,限制了双作用叶片泵工作压力的提高。所以,在高压叶片泵的结构上必须采取措施,使叶片压向定子的作用力减小,常用的措施如下:

(1) 减小作用在叶片底部的油液压力。将泵的压油腔的油通过阻尼槽或内装式减压阀通到吸油区的叶片底部,使叶片经过吸油腔时,叶片压向定子内表面的作用力不致过大。

（2）减小叶片底部承受压力油作用的面积。叶片底部受压面积为叶片的宽度和叶片厚度的乘积，因此，减小叶片的实际受力宽度和厚度，就可减小叶片的受压面积。

3.3.3　限压式变量叶片泵

1. 限压式变量叶片泵的工作原理

限压式变量叶片泵是单作用叶片泵。它能借助输出压力的大小自动改变偏心距 e 的大小来改变输出流量。当压力低于某一可调节的限定压力时，泵的输出流量最大；压力高于限定压力时，随着压力增加，泵的输出流量线性地减少，其工作原理如图3-3-5所示。泵的出口经通道7与活塞腔6相通。在泵未运转时，定子2在弹簧9的作用下，紧靠活塞4，并使活塞4靠在螺钉5上。这时，定子与转子有一偏心量 e_0，调节螺钉5的位置，便可改变 e_0。当泵的出口压力 p 较低时，则作用在活塞4上的液压力也较小，若此液压力小于左端的弹簧作用力，当活塞的面积为 A、调压弹簧的刚度为 K_s、预压缩量为 X_0 时，有

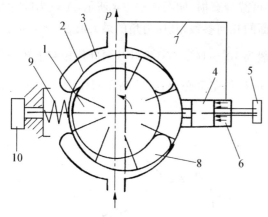

1—转子；2—定子；3—吸油窗口；4—活塞；5—螺钉；
6—活塞腔；7—通道；8—压油窗口；9—调压弹簧；10—调压螺钉

图3-3-5　限压式变量叶片泵的工作原理

$$pA < K_s X_0 \qquad (3-14)$$

此时，定子相对于转子的偏心量最大，输出流量最大。随着外负载的增大，液压泵的出口压力 p 也将随之提高，当压力升至与弹簧力相平衡的控制压力 p_B 时，有

$$p_B A = K_s X_0 \qquad (3-15)$$

当压力进一步升高，使 $pA > K_s X_0$，这时，若不考虑定子移动时的摩擦力，液压作用力就要克服弹簧力推动定子向左移动，随之泵的偏心量减小，泵的输出流量也减小。

设定子的最大偏心量为 e_0，偏心量减小时，弹簧的附加压缩量为 X，则定子移动后的偏心量为

$$e = e_0 - X \qquad (3-16)$$

这时，定子上的受力平衡方程式为

$$pA = K_s(X_0 + X) \qquad (3-17)$$

将式（3-15）、式（3-16）代入式（3-17），可得

$$e = e_0 - A(p - p_B)/K_s \qquad (p \geqslant p_B) \qquad (3-18)$$

式（3-18）表示了泵的工作压力与偏心量的关系，由式可以看出，泵的工作压力愈高，偏心量就愈小，泵的输出流量也就愈小，且当 $p = K_s(e_0 + X_0)/A$ 时，泵的输出流量为零，控制定子移动的作用力是将液压泵出口的压力油引到柱塞上，然后再加到定子上去，这种控制方式称为外反馈式。

2. 限压式变量叶片泵的特性曲线

限压式变量叶片泵的流量与压力特性曲线如图 3-3-6 所示,限压式变量叶片泵在工作过程中,当工作压力 p 小于预先调定的压力 p_B 时,由于液压作用力不能克服弹簧的预紧力,这时,定子的偏心距保持最大不变,因此,理论上,泵的输出流量 q 不变,但由于供油压力增大时,泵的泄漏流量 q_L 也增加,所以,泵的实际输出流量 q 也略有减少,如图 3-3-6 中的 AB 段所示。

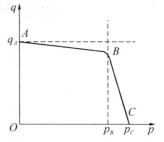

图 3-3-6 限压式变量叶片泵的流量与压力特性曲线

调节流量调节螺钉 5(图 3-3-5),可调节最大偏心量(初始偏心量)的大小,从而改变泵的最大输出流量 q_A,特性曲线 AB 段上下平移。当泵的供油压力 p 超过预先调整的压力 p_B 时,由于液压作用力大于弹簧的预紧力,此时,弹簧受压缩,定子向偏心量减小的方向移动,使泵的输出流量减小,压力愈高,弹簧压缩量愈大,偏心量愈小,输出流量愈小,其变化规律如特性曲线 BC 段所示。改变调压弹簧 9 的刚度时,可以改变 BC 段的斜率,弹簧越"软"(K_s 值越小),BC 段越陡,p_C 值越小;反之,弹簧越"硬"(K_s 值越大),BC 段越平坦,p_C 值亦越大。当定子与转子之间的偏心量为零时,系统压力达到最大值 p_C,该压力称为截止压力。实际上,由于泵的泄漏存在,当偏心量尚未达到零时,泵向系统的输出流量实际已为零。

限压式变量叶片泵结构复杂,轮廓尺寸大,相对运动的机件多,泄漏较大,轴上承受不平衡的径向液压力,噪声较大,容积效率和机械效率都没有双作用叶片泵高;但是它能按负载压力自动调节流量,在功率使用上较为合理,可减少油液发热。限压式变量叶片泵对既要实现快速行程、又要实现工作进给(慢速移动)的执行元件来说,是一种合适的油源。快速行程需要大的流量,负载压力较低,正好使用特性曲线的 AB 段,工作进给时负载压力升高,需要流量减少,正好使用其特性曲线的 BC 段,因而合理调整拐点压力 p_B 是使用该泵的关键。目前,这种泵被广泛用于要求执行元件有快速、慢速和保压阶段的中低压系统中,有利于节能和简化回路。

3.4 柱 塞 泵

柱塞泵是靠柱塞在缸体中作往复运动造成密封容积的变化来实现吸油与压油的液压泵,与齿轮泵和叶片泵相比,这种泵有许多优点。首先,构成密封容积的零件为圆柱形的柱塞和缸孔,加工方便,可得到较高的配合精度,密封性能好,在高压工作时,仍有较高的容积效率;第二,只需改变柱塞的工作行程,就能改变流量,易于实现变量;第三,柱塞泵中的主要零件均受压应力作用,材料强度性能可得到充分利用。缺点是对油液污染敏感,滤油精度要求高,对材质和加工精度要求高,维修要求比较严格,价格比较贵。由于柱塞泵压力高,结构紧凑,效率高,流量调节方便,故在需要高压、大流量、大功率的系统中和流量需要调节的场合——如龙门刨床、拉床、液压机、工程机械、矿山冶金机械、船舶、火炮和空间技术等——得到广泛的应用。

柱塞泵按柱塞的排列和运动方向不同,可分为径向柱塞泵和轴向柱塞泵两大类。轴向柱塞泵可按其结构特点分为斜盘式和斜轴式两类。

3.4.1 径向柱塞泵

1. 径向柱塞泵的工作原理

径向柱塞泵的工作原理如图3-4-1所示,柱塞1径向排列装在缸体2中,缸体由原动机带动连同柱塞1一起旋转,缸体2一般称为转子,柱塞1在离心力(或在低压油)的作用下抵紧定子4的内壁,当转子按图示方向回转时,由于定子与转子之间有偏心距e,柱塞绕经上半周时向外伸出,柱塞底部的容积逐渐增大,形成部分真空,因此便经过衬套3(衬套3是压紧在转子内,并和转子一起回转)上的油孔从配油孔5和吸油口b吸油;当柱塞转到下半周时,定子内壁将柱塞向里推,柱塞底部的容积逐渐减小,向配油轴的压油口c压油,当转子回转一周时,每个柱塞底部的密封容积完成一次吸压油,转子连续运转,即完成压吸油工作。配油轴固定不动,油液从配油轴上半部的两个孔a流入,从下半部两个油孔d压出,为了进行配油,配油轴在和衬套3接触的一段加工出上、下两个缺口,形成吸油口b和压油口c,留下的部分形成封油区。封油区的宽度应能封住衬套上的吸压油孔,以防吸油口和压油口相连通,但尺寸也不能大得太多,以免产生困油现象。

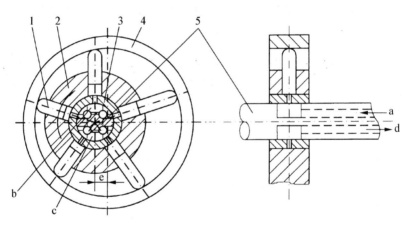

1—柱塞;2—缸体;3—衬套;4—定子;5—配油孔

图3-4-1 径向柱塞泵的工作原理

改变偏心距的大小,便可改变柱塞的行程,从而改变柱塞泵的排量;改变偏心距的方向,则可以改变吸油和压油的方向,因此,径向柱塞泵可做成单向或双向变量泵。

2. 径向柱塞泵的排量和流量计算

当转子与定子之间的偏心距为e时,柱塞在缸体孔中的行程为$2e$,设柱塞个数为z,直径为d,则泵的排量为

$$V = \frac{\pi}{2} d^2 ez \tag{3-19}$$

设泵的转数为n,容积效率为η_V,则泵的实际输出流量为

$$q_p = \frac{\pi}{2} d^2 ezn\eta_V \tag{3-20}$$

径向柱塞泵的瞬时流量也是脉动的,为了减小脉动,柱塞数通常取奇数。柱塞泵的优点是制造工艺较好,主要配合面为圆柱面,工作压力较高,轴向尺寸小,便于做成多排的柱塞形式。其缺点是径向尺寸大,配油轴受径向不平衡力的作用,易磨损,泄漏间隙不能补偿。泵的吸入性能受限制。

3.4.2 轴向柱塞泵

1. 斜盘式轴向柱塞泵的工作原理

斜盘式轴向柱塞泵是将多个柱塞配置在一个共同缸体的圆周上并使柱塞中心线和缸体中心线平行的一种泵。如图3-4-2所示为斜盘式轴向柱塞泵的工作原理,这种泵主体由缸体1、配油盘2、柱塞3和斜盘4组成。柱塞沿圆周均匀分布在缸体内。斜盘轴线与缸体轴线倾斜一角度,柱塞靠机械装置或在低压油作用下压紧在斜盘上(图中为弹簧),配油盘2和斜盘4固定不转,当原动机通过传动轴使缸体转动时,由于斜盘的作用,迫使柱塞在缸体内作往复运动,并通过配油盘的配油窗口进行吸油和压油。

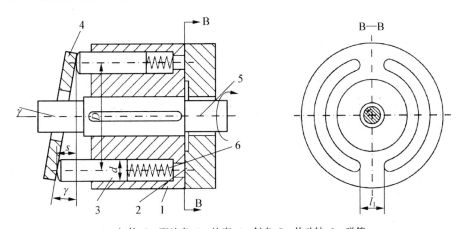

1—缸体;2—配油盘;3—柱塞;4—斜盘;5—传动轴;6—弹簧

图 3-4-2 斜盘式轴向柱塞泵的工作原理

如图3-4-2中所示回转方向,当缸体转角在$\pi \sim 2\pi$范围内时,柱塞向外伸出,柱塞底部缸孔的密封工作容积增大,通过配油盘的吸油窗口吸油;当缸体转角在$0 \sim \pi$范围内时,柱塞被斜盘推入缸体,使缸孔容积减小,通过配油盘的压油窗口压油。缸体每转一周,每个柱塞各完成吸、压油一次,如改变斜盘倾角γ,就能改变柱塞行程的长度,即改变液压泵的排量,改变斜盘倾角方向,就能改变吸油和压油的方向,即成为双向变量泵。

配油盘上吸油窗口和压油窗口之间的密封区宽度l_1应稍大于柱塞缸体底部通油孔宽度。但不能相差太大,否则会发生困油现象。一般在两配油窗口的两端部开有小三角槽,以减小冲击和噪声。

轴向柱塞泵的优点是:结构紧凑,径向尺寸小,惯性小,容积效率高,目前最高压力可达40 MPa,甚至更高,一般用于工程机械、压力机等高压系统中,但其轴向尺寸较大,轴向作用力也较大,结构比较复杂。

2. 斜盘式轴向柱塞泵的排量和流量计算

如图3-4-2所示,柱塞的直径为d,柱塞分布圆直径为D,斜盘倾角为γ,柱塞的行程为

$s = D\tan\gamma$，所以，当柱塞数为 z 时，轴向柱塞泵的排量为

$$V = \frac{\pi d^2 Dz \tan\gamma}{4} \tag{3-21}$$

设泵的转数为 n，容积效率为 η_V 则泵的实际输出流量为

$$q_p = \frac{n\eta_V \pi d^2 Dz \tan\gamma}{4} \tag{3-22}$$

实际上，由于柱塞在缸体孔中运动的速度不是恒速的，因而输出流量是有脉动的，当柱塞数为奇数时，脉动较小，且柱塞数多脉动也较小，因而一般常用的柱塞泵的柱塞个数为 7、9 或 11。

3.5 液压泵的选用

1. 液压泵选用的基本原则

液压泵是液压系统中的动力元件，它是每个液压系统不可缺少的核心元件，合理地选择液压泵对于降低液压系统的能耗、提高系统的效率、降低噪声、改善工作性能和保证系统的工作可靠性都十分重要。

选择液压泵的原则是：根据主机工况、功率大小和系统对工作性能的要求，首先确定液压泵的类型，然后按系统所要求的压力、流量大小确定其规格型号。

液压泵的种类非常多，其特性也有很大差别。选择液压泵时要考虑的因素很多，比如工作压力、流量、转速、原动机的种类、噪声、自吸能力等，同时还要考虑与液压油的相容性、经济性和维修性等。表 3-5-1 列出了液压系统中常用液压泵的主要性能比较，供选用时参考。

表 3-5-1　　　　液压系统中常用液压泵的性能比较

性能 ＼ 类别	外啮合齿轮泵	双作用叶片泵	限压式变量叶片泵	径向柱塞泵	轴向柱塞泵	螺杆泵
转速/(r/min)	300～7 000	500～4 000	500～2 000	700～1 800	600～6 000	1 000～18 000
输出压力/MPa	<2.5	6～20	<8	10～20	20～40	<10
流量调节	不能	不能	能	能	能	不能
总效率	0.6～0.85	0.75～0.85	0.7～0.85	0.75～0.92	0.85～0.95	0.7～0.85
流量脉动	很大	很小	一般	一般	一般	最小
自吸特性	好	较差	较差	差	差	好
对油的污染敏感性	不敏感	较敏感	较敏感	很敏感	很敏感	不敏感
噪　声	大	小	较大	大	大	最小
应用范围	机床、一般机械、工程机械	机床、注塑机、起重机、航空	机床、注塑机	机床、液压机械、船舶	重型液压机械、船舶、航空	精密机械、食品石油化工等机械

2. 选用液压泵的主要因素

（1）是否要求变量　要求变量选用变量泵，其中，单作用叶片泵的工作压力较低，仅适用于机床系统。

（2）工作压力　要根据设计要求选用压力合适的液压泵，目前各类液压泵的额定压力都有所提高，但相对而言，柱塞泵的额定压力最高。

（3）工作环境　齿轮泵的抗污染能力最好，因此特别适于工作环境较差的场合。

（4）噪声指标　属于低噪声的液压泵主要有内啮合齿轮泵、双作用叶片泵和螺杆泵，并且后两种泵的瞬时流量均匀。

（5）效率　按结构形式分，轴向柱塞泵的总效率最高；而同一种结构的液压泵，排量大的总效率高；同一排量的液压泵，在额定工况（额定压力、额定转速、最大排量）时，总效率最高，若工作压力低于额定压力或转速低于额定转速、排量小于最大排量，泵的总效率将下降，甚至下降很多。因此，液压泵应在额定工况（额定压力、额定转速）或接近额定工况的条件下工作。

一般来说，由于各类液压泵各自突出的特点，其结构、功用和运转方式各不相同，因此，应根据不同的使用场合选择合适的液压泵。一般，在轻载小功率的小型工程机械液压系统中，往往选用抗污染能力较强的齿轮泵；精度较高的机械设备如磨床，可选用双作用叶片泵、螺杆泵；对于负载较大并有快、慢速运动的机械设备，可选用双联叶片泵、限压式变量叶片泵；而在负载大、功率大的设备如刨床、筑路机械、港口机械、起重运输机械以及压力机械的场合，往往选择柱塞泵。

3.6　液压泵拆装实训

1. 实训目的

（1）熟悉常用液压泵的结构，进一步掌握液压泵的工作原理。

（2）学会使用各种工具正确拆装液压泵，培养实际动手能力。

（3）掌握液压泵的安装技术要求。

（4）了解常用液压泵容易出现的故障及排除方法。

2. 实训器材

（1）液压泵　液压泵的种类很多，结合本教材内容，建议选 CB-B 型齿轮泵、双作用叶片泵和斜盘式轴向柱塞泵。

（2）工具　内六角扳手，耐油橡胶垫片，抹布，常用钳工工具等。

3. 实训内容

（1）CB-B 型齿轮泵

① 拆卸零件

拆掉前泵盖上的螺钉和定位销，使泵体与后泵盖和前泵盖分开。

拆下主动轴及主动齿轮、从动轴及从动齿轮。

拆卸两齿轮、键、轴承、密封圈。

② 分析主要零件的结构并能描述其作用

观察泵体两端面上的泄油槽的结构形状和位置。

观察前、后泵盖上的两个卸荷槽的形状和位置。

观察进油口、出油口的大小和位置。

观察主要轴、轴承、齿轮、键等装配件的结构和相互配合关系。

③ 装配

把拆散的零件进行装配。

④ 思考题

a) 齿轮泵的铭牌上主要有哪些参数？各参数的含义是什么？

b) 齿轮泵有哪些主要零件？

c) 简述齿轮泵的吸油和压油工作过程。

d) 如何可以减小齿轮泵的径向不平衡力？

e) 进油口和出油口的孔径为何要做成不相等？

f) 工作中把齿轮泵的进油口和出油口接反，泵能否正常工作？

(2) 双作用叶片泵

① 拆卸零件

拧下螺钉，取下端盖，卸下前泵体，然后从后泵体中卸下左、右配油盘，定子，转子，叶片，传动轴，轴承，密封圈等。

② 分析主要零件的结构并能描述其作用

观察定子内表面的四段圆弧和四段过渡曲线的形状。

观察转子叶片上叶片槽的倾斜角度和倾斜方向。

观察配油盘的结构特征。

观察三角槽、环形槽的结构特征。

观察吸油口和压油口的位置和孔径。

观察各密封圈的位置和形状。

③ 装配

按拆卸的反向顺序进行装配。

④ 思考题

a) 叶片泵的铭牌上主要有哪些参数？各参数的含义是什么？

b) 叶片泵有哪些主要零件？

c) 找出吸油区和压油区，简述叶片泵的吸油和压油工作过程。

d) 泵的内部是怎样泄漏的？怎样提高其容积效率？

e) 转子的叶片槽为什么不径向开？朝前倾斜还是朝后倾斜？

f) 分析叶片泵在工作中叶片受到哪些力的作用？

小　结

　　液压泵性能的好坏直接影响到液压系统的工作性能和可靠性，因此，在整个液压系统中占有重要地位。本章主要讲解了容积式液压泵的工作原理、常见液压泵的结构特点、液压泵的选用原则及拆装等知识。通过学习，要深刻理解容积式液压泵的工作原理以及基于此原理而广泛应用的各类不同结构形式的液压泵；要掌握液压泵的压力、流量、功率、效率等主要性能参数的意义;掌握齿轮泵、叶片泵、柱塞泵等各类型液压泵的性能特点及应用范围;能够合理选择液压泵,并能够正确安装和使用液压泵。

习　题

1. 容积式液压泵完成吸油和排油必须满足什么条件?

2. 什么是液压泵的工作压力? 液压泵铭牌上注明的额定压力的意义是什么? 二者有何关系?

3. 液压泵的工作压力取决于什么? 为什么?

4. 什么是液压泵的排量和流量? 它们各取决于什么参数?

5. 液压系统中常见的液压泵有哪些种类?

6. 什么是齿轮泵的困油现象? 叶片泵和柱塞泵会出现困油现象吗?

7. 试简述单作用叶片泵的结构特点。

8. 限压式变量叶片泵有什么优点?

9. 某液压泵的额定压力 $p_n = 15\,\text{MPa}$,额定流量 $q_n = 20\,\text{L/min}$,容积效率 $\eta_v = 0.9$,试计算泵的理论流量和泄漏量的大小。

10. 某液压系统中液压泵的输出工作压力 $p = 10\,\text{MPa}$,转速 $n = 1\,450\,\text{r/min}$,排量 $V = 100\,\text{mL/r}$,容积效率 $\eta_v = 0.9$,总效率 $\eta = 0.8$,试求驱动液压泵的电机功率及泵的输出功率。

11. 齿轮泵模数 $m = 3\,\text{mm}$,齿数 $z = 15$,齿宽 $B = 25\,\text{mm}$,转速 $n = 1\,450\,\text{r/min}$,在额定压力下输出流量为 $20\,\text{L/min}$,试求其排量和容积效率。

12. 某变量叶片泵的转子外径 $d = 80\,\text{mm}$,定子内径 $D = 90\,\text{mm}$,叶片宽度 $B = 30\,\text{mm}$,求当泵的排量 $V = 15\,\text{mL/r}$ 时,定子和转子间的偏心量是多少? 泵最大可能的排量是多少?

13. 液压泵在吸油过程中,为什么油箱必须与大气相通?

14. 双作用叶片泵的叶片为何要顺着转子旋转方向前倾一个角度进行安装?

4 液压执行元件

液压执行元件也是一种能量转换装置,其转换过程和液压泵正好相反,是将系统提供的液压能转变为机械能输出,从而驱动工作机构做功。液压执行元件包括液压马达和液压缸两类,其中,液压马达实现旋转运动,液压缸实现往复直线运动或摆动。

【本章学习目标】
1. 掌握液压马达及液压缸的工作原理;
2. 掌握液压马达及液压缸的特点和图形符号;
3. 熟悉液压缸的典型结构、密封及排气。

4.1 液压马达

4.1.1 液压马达的分类及特点

液压马达是将液体的压力能转换为机械能的装置,可以实现连续回转运动。从原理上讲,液压泵可以作液压马达用,液压马达也可作液压泵用。但事实上,同类型的液压泵和液压马达虽然在结构上相似,但由于二者的工作情况不同,使得二者在结构上也有某些差异。例如:

1. 液压马达一般需要正、反转,所以,在内部结构上应具有对称性,而液压泵一般是单方向旋转的,其内部结构可以不对称。

2. 为了改善吸油性能和抗气蚀能力,减小径向力,一般液压泵的吸油口比出油口的尺寸大。而液压马达低压腔的压力稍高于大气压力,所以没有上述要求,进、出油口尺寸相同。

3. 液压马达要求能在很宽的转速范围内正常工作,因此,应采用液动轴承或静压轴承。因为当马达速度很低时,若采用动压轴承,就不易形成润滑滑膜。

4. 叶片泵依靠叶片跟转子一起高速旋转而产生的离心力使叶片始终贴紧定子的内表面,起封油作用,形成工作容积。若将其当马达用,必须在液压马达的叶片根部装上弹簧,以保证叶片始终贴紧定子内表面,以便马达能正常起动。

5. 液压泵在结构上需保证具有自吸能力,而液压马达就没有这一要求。

由于液压马达与液压泵具有上述不同的特点,使得很多类型的液压马达和液压泵不能互逆使用。

液压马达按其额定转速分为高速和低速两大类,一般认为,额定转速高于 500 r/min 的,属于高速液压马达,额定转速低于 500 r/min 的,属于低速液压马达。

高速液压马达的基本型式有齿轮式、轴向柱塞式、叶片式和螺杆式等。它们的主要特点是转速较高,转动惯量小,便于启动和制动,调速和换向的灵敏度高。通常,高速液压马达的输出转矩不大(仅几十牛·米到几百牛·米),所以又称为高速小转矩液压马达。

低速液压马达的基本型式是径向柱塞式,例如单作用曲轴连杆式、液压平衡式和多作用内曲线式等。此外,在轴向柱塞式、叶片式和齿轮式中,也有低速的结构型式。低速液压马达的主要特点是排量大、体积大、转速低(有时可达每分钟几转甚至零点几转),因此可直接与工作机构连接,不需要减速装置,使传动机构大为简化,通常,低速液压马达输出转矩较大(可达几千牛·米到几万牛·米),所以又称为低速大转矩液压马达。

液压马达同样也有单向和双向、定量和变量之分。

各种液压马达的图形符号见图 4-1-1 所示。

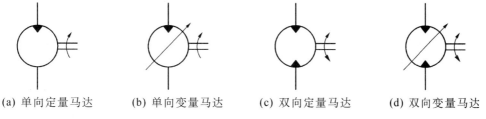

(a) 单向定量马达   (b) 单向变量马达   (c) 双向定量马达   (d) 双向变量马达

图 4-1-1　液压马达的图形符号

4.1.2　液压马达的性能参数

液压马达的性能参数很多。下面是液压马达的主要性能参数。

1. 排量 V

在不考虑泄漏的情况下,液压马达每转一周所需输入液体的体积(m^3/r)。

2. 理论输出扭矩 T_t

根据排量的大小,可以计算在给定压力下液压马达所能输出的转矩的大小,也可以计算在给定的负载转矩下马达的工作压力的大小。若液压马达进、出油口之间的压力差为 Δp,输入液压马达的流量为 q,液压马达输出的理论转矩为 T_t,角速度为 ω,如果不计损失,液压马达输入的液压功率应当全部转化为液压马达输出的机械功率,即

$$\Delta pq = T_t\omega \tag{4-1}$$

又因为 $\omega = 2\pi n$,所以,液压马达的理论转矩为

$$T_t = \frac{\Delta pV}{2\pi} \tag{4-2}$$

式中,Δp 为马达进出口之间的压力差。

3. 液压马达的机械效率

由于液压马达内部不可避免地存在各种摩擦,实际输出的转矩 T 总要比理论转矩 T_t 小

些,即

$$T = T_t \eta_m \qquad (4-3)$$

式中,η_m 为液压马达的机械效率(%)。

4. 液压马达的启动机械效率 η_m

液压马达的启动机械效率是指液压马达由静止状态起动时马达实际输出的转矩 T_0 与它在同一工作压差时的理论转矩 T_t 之比,即

$$\eta_{m0} = \frac{T_0}{T_t} \qquad (4-4)$$

液压马达的启动机械效率表示出其启动性能的指标。因为在同样的压力下,液压马达由静止到开始转动的启动状态的输出转矩要比运转中的转矩大,这给液压马达带载启动造成了困难,所以,启动性能对液压马达是非常重要的,启动机械效率正好能反映其启动性能的高低。启动转矩降低的原因,一方面是在静止状态下的摩擦因数最大,在摩擦表面出现相对滑动后摩擦因数明显减小,另一方面,也是最主要的方面,是因为液压马达静止状态润滑油膜被挤掉,基本上变成了干摩擦。一旦马达开始运动,随着润滑油膜的建立,摩擦阻力立即下降,并随滑动速度增大和油膜变厚而减小。

实际工作中,都希望启动性能好一些,即希望启动转矩和启动机械效率大一些。现将不同结构形式的液压马达的启动机械效率 η_{m0} 的大致数值列于表 4-1-1 中。

由表 4-1-1 可知,多作用内曲线马达的启动性能最好,轴向柱塞马达、曲轴连杆马达和静压平衡马达居中,叶片马达较差,而齿轮马达最差。

表 4-1-1　　　　　　　　　　液压马达的启动机械效率

液压马达的结构形式		启动机械效率 η_{m0}/%
齿轮马达	老结构	0.60~0.80
	新结构	0.85~0.88
叶片马达	高速小扭矩型	0.75~0.85
轴向柱塞马达	滑履式	0.80~0.90
	非滑履式	0.82~0.92
曲轴连杆马达	老结构	0.80~0.85
	新结构	0.83~0.90
静压平衡马达	老结构	0.80~0.85
	新结构	0.83~0.90
多作用内曲线马达	由横梁的滑动摩擦副传递切向力	0.90~0.94
	传递切向力的部位具有滚动副	0.95~0.98

5. 液压马达的转速

液压马达的转速取决于供液的流量和液压马达本身的排量 V,可用下式计算:

$$n_t = q/V \qquad (4-5)$$

式中，n_t 为理论转速(r/min)。

由于液压马达内部有泄漏，并不是所有进入马达的液体都推动液压马达做功，一小部分因泄漏损失掉了。所以，液压马达的实际转速要比理论转速低一些。

$$n = n_t \eta_V \qquad (4-6)$$

式中　n——液压马达的实际转速(r/min)；

　　　n_V——液压马达的容积效率(%)。

4.1.3　液压马达的工作原理

常用的液压马达的结构与同类型的液压泵很相似，下面对叶片马达、轴向柱塞马达和摆动马达的工作原理作简单介绍。

1. 叶片马达

图 4-1-2 所示为叶片马达的工作原理图。

当压力为 p 的油液从进油口进入叶片 1 和 3 之间时，叶片 2 因两面均受液压油的作用所以不产生转矩。叶片 1、3 上，一面作用有高压油，另一面为低压油。由于叶片 3 伸出的面积大于叶片 1 伸出的面积，因此，作用于叶片 3 上的总液压力大于作用于叶片 1 上的总液压力，于是，压力差使转子产生顺时针的转矩。同样道理，压力油进入叶片 5 和 7 之间时，叶片 7 伸出的面积大于叶片 5 伸出的面积，也产生顺时针转矩。这样，就把油液的压力能转变成了机械能，这就是叶片马达的工作原理。当输油方向改变时，液压马达就反转。

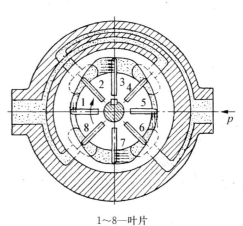

1~8—叶片

图 4-1-2　叶片马达的工作原理图

定子的长、短径差值越大，转子的直径越大，输入的压力越高，叶片马达输出的转矩也越大。

叶片马达的体积小，转动惯量小，因此动作灵敏，可适应的换向频率较高。但泄漏较大，不能在很低的转速下工作，因此，叶片马达一般用于转速高、转矩小和动作灵敏的场合。

2. 轴向柱塞马达

轴向柱塞马达的结构形式基本上与轴向柱塞泵一样，故其种类与轴向柱塞泵相同，也分为直轴式轴向柱塞马达和斜轴式轴向柱塞马达两类。

轴向柱塞马达的工作原理如图 4-1-3 所示。

当压力油进入液压马达的高压腔之后，工作柱塞便受到油压作用力为 pA（p 为油的压力，A 为柱塞面积），通过滑靴压向斜盘，其反作用为 F。F 力分解成两个分力，沿柱塞轴向分力 F_x，与柱塞所受液压力平衡；另一分力 F_y，与柱塞轴线垂直向上，它与缸体中心线的距离为 r，这个力便产生驱动马达旋转的力矩。

一般来说，轴向柱塞马达都是高速马达，输出扭矩小，因此，必须通过减速器来带动工作

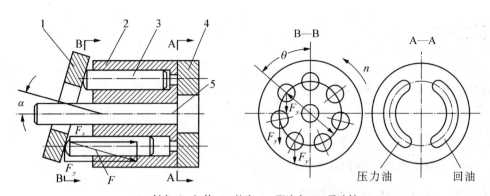

1—斜盘；2—缸体；3—柱塞；4—配流盘；5—马达轴

图 4 - 1 - 3 斜盘式轴向柱塞马达的工作原理图

机构。如果我们能使液压马达的排量显著增大，也就可以使轴向柱塞马达做成低速大扭矩马达。

3. 摆动马达

摆动液压马达的工作原理见图 4 - 1 - 4 所示。

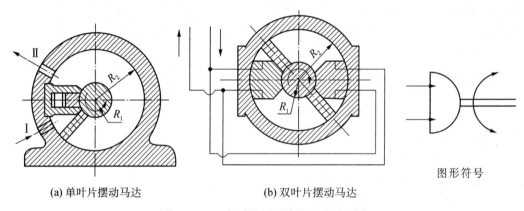

(a) 单叶片摆动马达   (b) 双叶片摆动马达   图形符号

图 4 - 1 - 4 摆动液压马达的工作原理图

图 4 - 1 - 4(a)所示是单叶片摆动马达。若从油口Ⅰ通入高压油，叶片作逆时针摆动，低油从油口Ⅱ排出。因叶片与输出轴连在一起，带动输出轴摆动，同时输出转矩，克服负载。

此类摆动马达的工作压力小于 10 MPa，摆动角度小于 280°。由于径向力不平衡，叶片和壳体、叶片和挡块之间密封困难，限制了其工作压力的进一步提高，从而也限制了输出转矩的进一步提高。

图 4 - 1 - 4(b)所示是双叶片式摆动马达。在径向尺寸和工作压力相同的条件下，分别是单叶片式摆动马达输出转矩的 2 倍，但回转角度要相应减少，双叶片式摆动马达的回转角度一般小于 120°。

4.2 液压缸

液压缸又称油缸，也是将液压能转变成机械能的一种能量转换装置，为执行元件。与液

压马达不同的是,液压缸将液压能转变成直线运动的机械能。

4.2.1 液压缸的类型和特点

液压缸的种类很多,分类方法各异。可按运动方式、作用方式、结构形式的不同进行分类。表4-2-1所列是按液压缸的作用方式及结构形式进行分类的。

表4-2-1 常见液压缸的种类及特点

名　称		图形符号	特　点
单作用液压缸	活塞缸		活塞只单向受力而运动,反向运动依靠活塞自重或其他外力
	柱塞缸		柱塞只单向受力而运动,反向运动依靠柱塞自重或其他外力
	伸缩式套筒缸		有多个互相连动的活塞,可依次伸缩,行程较大,由外力使活塞返回
双作用液压缸	单活塞杆 普通缸		活塞双向受液压力而运动,在行程终了时不减速,双向受力及速度不同
	单活塞杆 不可调缓冲缸		活塞在行程终了时减速制动,减速值不变
	单活塞杆 可调缓冲缸		活塞在行程终了时减速制动,并且减速值可调
	单活塞杆 差动缸		活塞两端面积差较大,使活塞往复运动的推力和速度相差较大
	双活塞杆 等行程等速缸		活塞左、右移动速度、行程及推力均相等
	双活塞杆 双向缸		利用对油口进、排油次序的控制,可使两个活塞作多种配合动作的运动
	伸缩式套筒缸		有多个互相联动的活塞,可依次伸出获得较大行程
组合缸	弹簧复位缸		单向液压驱动,由弹簧力复位
	增压缸		由A腔进油驱动,使B输出高压油源
	串联缸		用于缸的直径受限制,长度不受限制处,能获得较大推力
	齿条传动缸		活塞的往复运动转换成齿轮的往复回转运动
	气-液转换器		气压力转换成大体相等的液压力

下面分别介绍几种常用的液压缸。

1. 活塞式液压缸　活塞式液压缸根据其使用要求不同可分为双杆式和单杆式两种。

(1) 双杆式活塞缸

活塞两端都有一根直径相等的活塞杆伸出的液压缸称为双杆式活塞缸,它一般由缸体、缸盖、活塞、活塞杆和密封件等零件构成。根据安装方式不同,可分为缸筒固定和活塞杆固定两种。

如图4-2-1(a)所示为缸筒固定式的双杆活塞缸。它的进、出口布置在缸筒两端,活塞通过活塞杆带动工作台移动,当活塞的有效行程为l时,整个工作台的运动范围为$3l$,所以机床占地面积大,一般适用于小型机床,当工作台行程要求较长时,可采用图4-2-1(b)所示活塞杆固定的形式,这时,缸体与工作台相连,活塞杆通过支架固定在机床上,动力由缸体传出。这种安装形式中,工作台的移动范围只等于液压缸有效行程l的2倍($2l$),因此占地面积小。常用于大中型设备中。进、出油口可以设置在固定不动的空心的活塞杆的两端,但必须使用软管连接。

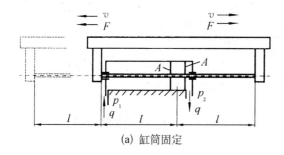 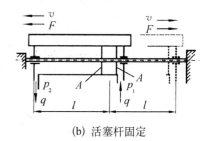

(a) 缸筒固定　　　　　　　　　　　　　(b) 活塞杆固定

图4-2-1　双杆活塞缸

由于双杆活塞缸两端的活塞杆直径通常是相等的,因此它左、右两腔的有效面积也相等,当分别向左、右腔输入相同压力和相同流量的油液时,液压缸左、右两个方向的推力和速度相等。当活塞的直径为D,活塞杆的直径为d,液压缸进、出油腔的压力为p_1和p_2,输入流量为q时,双杆活塞缸的推力F和速度v分别为

$$F = A(p_1 - p_2) = \pi(D^2 - d^2)(p_1 - p_2)/4 \tag{4-7}$$

$$v = q/A = 4q/\pi(D^2 - d^2) \tag{4-8}$$

式中,A为活塞的有效工作面积。

双杆活塞缸在工作时,设计成一个活塞杆是受拉的,而另一个活塞杆不受力,因此,这种液压缸的活塞杆可以做得细些。

(2) 单杆式活塞缸

如图4-2-2所示,活塞只有一端带活塞杆,单杆液压缸也有缸体固定和活塞杆固定两种形式,但它们的工作台移动范围都是活塞有效行程的2倍。

由于液压缸两腔的有效工作面积不等,因此,它在两个方向上的输出推力和速度也不等,其值分别为

$$F_1 = p_1 A_1 - p_2 A_2 = \pi[(p_1 - p_2)D^2 + p_2 d^2]/4 \tag{4-9}$$

$$F_2 = p_1 A_2 - p_2 A_1 = \pi[(p_1 - p_2)D^2 - p_1 d^2]/4 \tag{4-10}$$

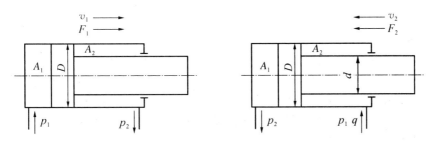

图 4 - 2 - 2　单杆活塞缸的速度与推力

$$v_1 = q/A_1 = 4q/\pi D^2 \tag{4-11}$$

$$v_2 = q/A_2 = 4q/\pi(D^2 - d^2) \tag{4-12}$$

由式(4-9)—式(4-12)可知,由于 $A_1 > A_2$,所以,$F_1 > F_2$,$v_1 < v_2$。如把两个方向上的输出速度 v_2 和 v_1 的比值称为速度比,记作 λ_v,则 $\lambda_v = v_2/v_1$。因此

$$d = D\sqrt{(\lambda_v - 1)/\lambda_v}$$

在已知 D 和 λ_v 时,可确定 d 值。

(3) 差动油缸

单杆活塞缸在其左、右两腔都接通高压油时称为差动连接,如图 4 - 2 - 3 所示。差动连接缸左、右两腔的油液压力相同,但是,由于左腔(无杆腔)的有效面积大于右腔(有杆腔)的有效面积,故活塞向右运动,同时使右腔中排出的油液(流量为 q')也进入左腔,加大了流入左腔的流量 $(q + q')$,从而也加快了活塞移动的速度。实际上,活塞在运动时,由于差动连接时两腔间的管路中有压力损失,所以,右腔中油液的压力稍大于左腔油

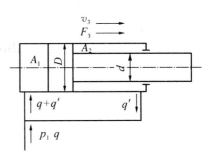

图 4 - 2 - 3　差动缸

液压力,而这个差值一般都较小,可以忽略不计,差动连接时,活塞推力 F_3 和运动速度 v_3 为

$$F_3 = p_1(A_1 - A_2) = p_1\pi d^2/4 \tag{4-13}$$

进入无杆腔的流量为

$$q_1 = v_3 \frac{\pi D^2}{4} = q + v_3 \frac{\pi(D^2 - d^2)}{4}$$

$$v_3 = 4q/\pi d^2 \tag{4-14}$$

由式(4-13)、式(4-14)可知,差动连接时,液压缸的推力比非差动连接时小,速度比非差动连接时大,正好利用这一点,可使在不加大油源流量的情况下得到较快的运动速度,这种连接方式被广泛应用于组合机床的液压动力系统和其他机械设备的快速运动中。如果要求机床往返快速相等时,则由式(4-12)和式(4-14)得

$$\frac{4q}{\pi(D^2 - d^2)} = \frac{4q}{\pi d^2}$$

即 $$D = \sqrt{2}\,d \qquad\qquad (4-15)$$

2. 柱塞缸

如图 4-2-4(a)所示为柱塞缸,它只能实现一个方向的液压传动,反向运动要靠外力。若需要实现双向运动,则必须成对使用,如图 4-2-4(b)所示,这种液压缸中的柱塞和缸筒不接触,运动时,由缸盖上的导向套来导向,因此,缸筒的内壁不需精加工,它特别适用于行程较长的场合。为了减轻柱塞重量,减少柱塞的弯曲变形,柱塞常做成空心的,还可在缸筒内设置辅助支承,以增强刚性。

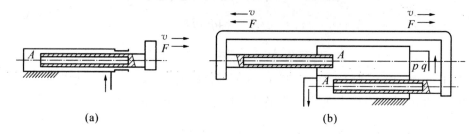

图 4-2-4 柱塞缸

3. 其他液压缸

(1) 增压液压缸

增压液压缸又称增压器,它利用活塞和柱塞有效面积的不同使液压系统中的局部区域获得高压。它有单作用和双作用两种型式,单作用增压缸的工作原理如图 4-2-5(a)所示,当输入活塞缸的液体压力为 p_1、活塞直径为 D、柱塞直径为 d 时,柱塞缸中输出的液体压力为高压,其值为

$$p_2 = p_1(D/d)^2 = Kp_1 \qquad\qquad (4-16)$$

式中,$K = D^2/d^2$,称为增压比,它代表其增压程度。

显然,增压能力是在降低有效能量的基础上得到的,也就是说,增压缸仅仅是增大输出的压力,并不能增大输出的能量。

单作用增压缸在柱塞运动到终点时,不能再输出高压液体,需要将活塞退回到左端位置再向右行时,才又输出高压液体,为了克服这一缺点,可采用双作用增压缸,如图 4-2-5(b)所示,由两个高压端连续向系统供油。

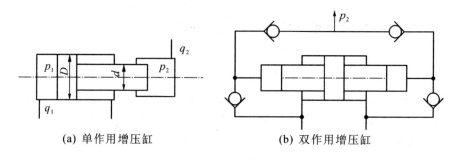

(a) 单作用增压缸 　　　　　　(b) 双作用增压缸

图 4-2-5 增压缸

（2）伸缩缸

伸缩缸由两个或多个活塞缸套装而成,前一级活塞缸的活塞杆内孔是后一级活塞缸的缸筒,伸出时,可获得很长的工作行程,缩回时,可保持很小的结构尺寸,伸缩缸被广泛用于起重运输车辆上。

伸缩缸可以是如图4-2-6(a)所示的单作用式,也可以是如图4-2-6(b)所示的双作用式,前者靠外力回程,后者靠液压回程。

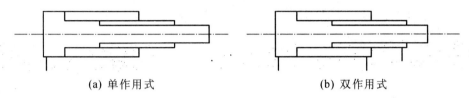

(a) 单作用式　　　　　　　　　　　　(b) 双作用式

图4-2-6　伸缩缸

伸缩缸的外伸动作是逐级进行的。首先是最大直径的缸筒以最低的油液压力开始外伸,当到达行程终点后,稍小直径的缸筒开始外伸,直径最小的末级最后伸出。随着工作级数变大,外伸缸筒直径越来越小,工作油液压力随之升高,工作速度变快。其值为

$$F_i = p_1 \frac{\pi}{4} D_i^2 \qquad (4-17)$$

$$v_i = 4q/\pi D_i^2 \qquad (4-18)$$

式中的i是指i级活塞缸。

（3）齿轮齿条缸

齿轮齿条缸由双活塞缸和一套齿条传动装置组成,如图4-2-7所示。活塞的移动经齿轮齿条传动装置变成齿轮的传动,用于实现工作部件的往复摆动或间歇进给运动。如组合机床上的回转工作台、回转尖具、分度机构等转位机构的驱动。

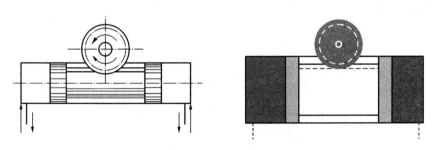

图4-2-7　齿轮缸

4.2.2　液压缸的典型结构和组成

1. 液压缸的典型结构举例

图4-2-8所示为一个较常用的双作用单活塞杆液压缸。它是由缸底20、缸筒10、缸盖兼导向套9、活塞11和活塞杆18等组成。缸筒一端与缸底焊接,另一端缸盖(导向套)与缸筒用卡键6、套5和弹簧挡圈4固定,以便拆装检修,两端设有油口A和B。活塞11与活塞杆18利用卡键15、卡键帽16和弹簧挡圈17连在一起。活塞与缸孔的密封采用的是一对Y

形聚氨酯密封圈 12,由于活塞与缸孔有一定间隙,采用由尼龙 1010 制成的耐磨环(又叫支承环)13 定心导向。杆 18 和活塞 11 的内孔由密封圈 14 密封。较长的导向套 9 则可保证活塞杆不偏离中心,导向套外径由 O 形圈 7 密封,而其内孔则由 Y 形密封圈 8 和防尘圈 3 分别防止油外漏和灰尘带入缸内。缸与杆端销孔与外界连接,销孔内有尼龙衬套抗磨。

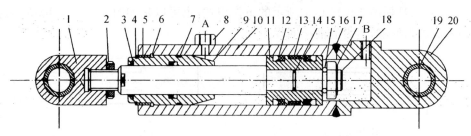

1—耳环;2—螺母;3—防尘圈;4、17—弹簧挡圈;5—套;6、15—卡键;
7、14—O 形密封圈;8、12—Y 形密封圈;9—缸盖兼导向套;10—缸筒;
11—活塞;13—耐磨环;16—卡键帽;18—活塞杆;19—衬套;20—缸底

图 4-2-8　双作用单活塞杆液压缸

如图 4-2-9 所示为一空心双活塞杆式液压缸的结构。由图可见,液压缸的左、右两腔是通过油口 b 和 d 经活塞杆 1 和 15 的中心孔与左、右径向孔 a 和 c 相通的。由于活塞杆固定在床身上,缸体 10 固定在工作台上,工作台在径向孔 c 接通压力油,径向孔 a 接通回油时向右移动;反之,则向左移动。在这里,缸盖 18 和 24 是通过螺钉(图中未画出)与压板 11 和 20 相连,并经钢丝环 12 相连,左缸盖 24 空套在托架 3 孔内,可以自由伸缩。空心活塞杆的一端用堵头 2 堵死,并通过锥销 9 和 22 与活塞 8 相连。缸筒相对于活塞运动由左、右两个导向套 6 和 19 导向。活塞与缸筒之间、缸盖与活塞杆之间以及缸盖与缸筒之间分别用 O 形密封圈 7、V 形密封圈 4 和 17 和纸垫 13 和 23 进行密封,以防止油液的内、外泄漏。缸筒在接近行程的左、右终端时,径向孔 a 和 c 的开口逐渐减小,对移动部件起制动缓冲作用。为了排除液压缸中剩留的空气,缸盖上设置有排气孔 5 和 14,经导向套环槽的侧面孔道(图中未画出)引出与排气阀相连。

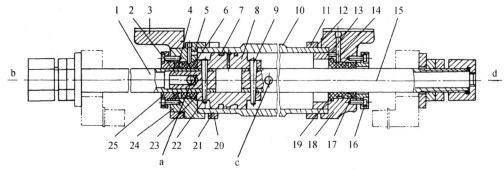

1—活塞杆;2—堵头;3—托架;4、17—V 形密封圈;5、14—排气孔;6、19—导向套;
7—O 形密封圈;8—活塞;9、22—锥销;10—缸体;11、20—压板;12、21—钢丝环;
13、23—纸垫;15—活塞杆;16、25—压盖;18、24—缸盖

图 4-2-9　空心双活塞杆式液压缸的结构

2. 液压缸的组成

从上面所述的液压缸典型结构中可以看到,液压缸的结构基本上可以分为缸筒和缸盖、活塞和活塞杆、密封装置、缓冲装置和排气装置五个部分,分述如下。

（1）缸筒和缸盖

一般来说,缸筒和缸盖的结构形式和其使用的材料有关。工作压力 $p<10\,\text{MPa}$ 时,使用铸铁;$p<20\,\text{MPa}$ 时,使用无缝钢管;$p>20\,\text{MPa}$ 时,使用铸钢或锻钢。图 4-2-10 所示为缸筒和缸盖的常见结构形式。图 4-2-10(a)所示为法兰连接式,结构简单,容易加工,也容易装拆,但外形尺寸和重量都较大,常用于铸铁制的缸筒上。图 4-2-10(b)所示为半环连接式,它的缸筒壁部因开了环形槽而削弱了强度,为此,有时要加厚缸壁,它容易加工和装拆,重量较轻,常用于无缝钢管或锻钢制的缸筒上。图 4-2-10(c)所示为螺纹连接式,它的缸筒端部结构复杂,外径加工时,要求保证内、外径同心,装拆要使用专用工具,它的外形尺寸和重量都较小,常用于无缝钢管或铸钢制的缸筒上。图 4-2-10(d)所示为拉杆连接式,结构的通用性大,容易加工和装拆,但外形尺寸较大,且较重。拉杆受力后,会拉伸变长,影响密封效果。仅适用于长度不大的中、低压缸。图 4-2-10(e)所示为焊接连接式,结构简单,尺寸小,但缸底处内径不易加工,且可能引起变形。

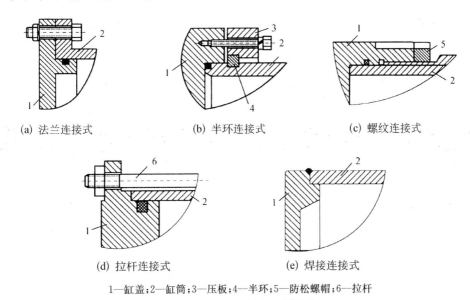

(a) 法兰连接式　　　　(b) 半环连接式　　　　(c) 螺纹连接式

(d) 拉杆连接式　　　　(e) 焊接连接式

1—缸盖;2—缸筒;3—压板;4—半环;5—防松螺帽;6—拉杆

图 4-2-10　缸筒和缸盖结构

（2）活塞与活塞杆

可以把短行程的液压缸的活塞杆与活塞做成一体,这是最简单的形式。但当行程较长时,这种整体式活塞组件的加工较费事,所以常把活塞与活塞杆分开制造,然后再连接成一体。图 4-2-11 所示为几种常见的活塞与活塞杆的连接形式。

图 4-2-11(a)所示为活塞与活塞杆之间采用螺母连接,它适用负载较小、受力无冲击的液压缸中。螺纹连接虽然结构简单,安装方便可靠,但在活塞杆上车螺纹将削弱其强度。图 4-2-11(b)和图 4-2-11(c)所示为卡环式连接方式。图 4-2-11(b)中活塞杆 5 上开有一个环形槽,槽内装有两个半圆环 3 以夹紧活塞 4,半环 3 由轴套 2 套住,而轴套 2 的轴向位置用弹簧卡圈 1 来固定。图 4-2-11(c)中的活塞杆,使用了两个半圆环 4,它们分别由两个密封圈座 2 套住,半圆形的活塞 3 安放在密封圈座的中间。图 4-2-11(d)所示是一种径向销式连接结构,用锥销 1 把活塞 2 固连在活塞杆 3 上。这种连接方式特别适用于双出杆式活塞。

(a) 螺母连接

1—活塞;2—螺母;3—活塞杆

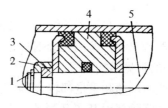

(b) 卡环式连接

1—弹簧卡;2—轴套;3—半环;4—活塞;5—活塞杆

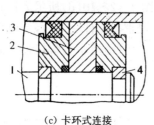

(c) 卡环式连接

1—活塞杆;2—密封圈座;3—活塞;4—半环

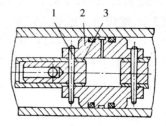

(d) 径向销式连接

1—锥销;2—活塞;3—活塞杆

图4-2-11　常见的活塞组件结构形式

(3) 密封装置

液压缸中常见的密封装置如图4-2-12所示。图4-2-12(a)所示为间隙密封,它依靠运动间的微小间隙来防止泄漏。为了提高这种装置的密封能力,常在活塞的表面上制出几条细小的环形槽,以增大油液通过间隙时的阻力。它的结构简单,摩擦阻力小,可耐高温,但泄漏大,加工要求高,磨损后无法恢复原有能力,只有在尺寸较小、压力较低、相对运动速度较高的缸筒和活塞间使用。图4-2-12(b)所示为摩擦环密封,它依套在活塞上的摩擦环(尼龙或其他高分子材料制成)在O形密封圈弹力作用下贴紧缸而防止泄漏。这种材料效果较好,摩擦阻力较小且稳定,可耐高温,磨损后有自动补偿能力,但加工要求高,装拆较不便,适用于缸筒和活塞之间的密封。图4-2-11(c)、图4-2-11(d)所示为密封圈(O形圈、V形

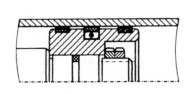

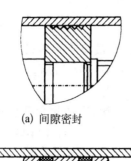

(a) 间隙密封

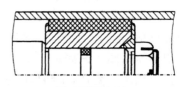

(b) 摩擦环密封

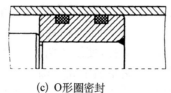

(c) O形圈密封

(d) V形圈密封

图4-2-12　密封装置

圈等)密封,它利用橡胶或塑料的弹性使各种截面的环形圈贴紧在静、动配合面之间来防止泄漏。它结构简单,制造方便,磨损后有自动补偿能力,性能可靠,在缸筒和活塞之间、缸盖和活塞杆之间、活塞和活塞杆之间、缸筒和缸盖之间都能使用。

对于活塞杆外伸部分来说,由于它很容易把脏物带入液压缸,使油液受污染,使密封件磨损,因此常需在活塞杆密封处增添防尘圈,并放在向着活塞杆外伸的一端。

(4) 缓冲装置

液压缸一般都设置缓冲装置,特别是对大型、高速或要求高的液压缸,为了防止活塞在行程终点时和缸盖相互撞击,引起噪声、冲击,则必须设置缓冲装置。

缓冲装置的工作原理是利用活塞或缸筒在其走向行程终端时封住活塞和缸盖之间的部分油液,强迫它从小孔或细缝中挤出,以产生很大的阻力,使工作部件受到制动,逐渐减慢运动速度,达到避免活塞和缸盖相互撞击的目的。

如图 4-2-13(a)所示,当缓冲柱塞进入与其相配的缸盖上的内孔时,孔中的液压油只能通过间隙 δ 排出,使活塞速度降低。由于配合间隙不变,故随着活塞运动速度的降低,起缓冲作用。当缓冲柱塞进入配合孔之后,油腔中的油只能经节流阀 1 排出,如图 4-2-13(b)所示。由于节流阀 1 是可调的,因此,缓冲作用也可调节,但仍不能解决速度减低后缓冲作用减弱的缺点。如图 4-2-13(c)所示,在缓冲柱塞上开有三角槽,随着柱塞逐渐进入配合孔中,其节流面积越来越小,解决了在行程最后阶段缓冲作用过弱的问题。

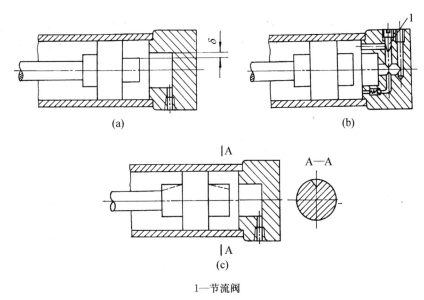

1—节流阀

图 4-2-13 液压缸的缓冲装置

(5) 放气装置

液压缸在安装过程中或长时间停放重新工作时,液压缸里和管道系统中会渗入空气,为了防止执行元件出现爬行、噪声和发热等不正常现象,需把缸中和系统中的空气排出。一般可在液压缸的最高处设置进出油口把气带走,也可在最高处设置如图 4-2-14(a)所示的放气孔或专门的放气阀(图 4-2-14(b),(c))。

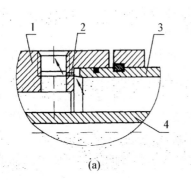
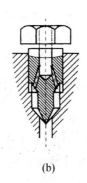
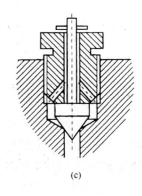

1—缸盖;2—放气小孔;3—缸体;4—活塞杆

图 4 - 2 - 14　放气装置

4.3　液压马达和液压缸拆装实训

4.3.1　液压马达的拆装实训

1. 实训目的

(1) 通过拆装,进一步了解典型液压马达的结构特点。

(2) 提高对液压马达的感性认识,加深理解其工作原理。

(3) 学会使用各种工具正确拆装液压马达,培养实际动手能力。

(4) 了解常用液压马达容易出现的故障及排除方法。

2. 实训器材

(1) 齿轮马达,柱塞式液压马达,叶片马达(选一项)。

(2) 工具　内六角扳手,耐油橡胶垫片,抹布,常用钳工工具。

3. 实训内容

以齿轮马达为例:

(1) 先观察(马达)的外形、组成、结构。

(2) 拧下内主角螺栓,拆开端盖,观察马达的内部组成,思考密闭工作腔的形成,理解工作原理。

(3) 拆下内部组件,进一步观察其形状特点。

(4) 按原样装好部件,盖好端盖,上好螺栓。

(5) 思考题

齿轮马达泄漏大的原因。

4. 实验报告

齿轮马达、柱塞式液压马达、叶片马达中选一种,叙述其主要结构及工作原理;叙述拆装的顺序;拆装中主要使用的工具;拆装过程的感受。

4.3.2　液压缸的拆装实验

1. 实训目的

(1) 通过对液压缸的拆装,了解液压缸的结构及工作原理。

(2) 学会使用各种工具正确拆装液压缸,培养实际动手能力。

(3) 掌握拆装液压缸的方法和拆装要点。

2. 实训器材

(1) 液压缸　单双活塞式液压缸,柱塞缸。

(2) 工具　内六角扳手,耐油橡胶垫片,抹布,常用钳工工具。

3. 实训内容

(1) 单作用液压缸,双作用液压缸,柱塞缸

① 拆卸液压缸前,应使液压缸回路中的油压降为零。

② 拆卸时,应防止损坏液压缸的零件。

③ 由于液压缸的具体结构不尽相同,拆卸的顺序也不尽相同,要根据具体情况进行判断。

　　a) 对于法兰联接式,应先拆除法兰联接螺钉,用螺钉把端盖顶出,不能硬撬或锤击,以免损坏。

　　b) 对于内卡键式联接,应使用专用工具,将导向套向内推,露出卡键后,将卡键取出并用尼龙或橡胶质地的物品把卡键槽填满后再往外拆。

　　c) 对于螺纹联接式油缸,应先把螺纹压盖拧下。

　　d) 在拆除活塞杆和活塞时,不能硬性将活塞杆组件从缸筒中拉出,应设法保持活塞杆组件和缸筒的轴心在一条线上再缓慢拉出。

④ 在零件拆除检查后,应将零件保存在较干净的环境中,并加装防止磕碰的隔离装置,重新装配前,应将零件清洗干净。

⑤ 思考题

　　a) 影响液压缸正常工作及容积效率的因素。

　　b) 易产生故障的部件并分析其原因。

　　c) 如何解决液压缸的密封问题? 从结构上加以分析。

4. 实验报告

在单作用液压缸、双作用液压缸、柱塞缸中选一种,叙述其主要结构及工作原理;叙述拆装的顺序;拆装中主要使用的工具;拆装过程的感受。

小　　结

液压执行元件包括液压马达和液压缸,它们都是把液压能转换成机械能的能量转换装置。

从原理上讲,液压马达与液压泵是可逆的液压元件,当向液压泵的工作容腔输入液压油时,液压泵就可以作为液压马达使用。但是,由于液压泵和液压马达的使用目的和性能要求不同,同类型的液压泵和液压马达在结构上还会存在一定差异,在实际使用中,大多都不能

互换。

　　液压缸是液压系统中作直线往复运动(或摆动运动)的执行机构,具有结构简单、工作可靠等优点。本章对最常用的几种液压缸的结构特点、主要性能参数等作了介绍。

习　题

1. 为什么马达的进、出油口尺寸一般相同,而泵的进油口尺寸一般都大于出油口尺寸?
2. 叶片马达能作泵用吗? 为什么?
3. 液压马达的启动性能一般用什么指标来描述? 与哪些因素有关?
4. 液压马达的制动性能与哪些因素有关?
5. 液压缸为什么要设置缓冲装置? 应如何设置?
6. 液压缸为什么要设置排气装置? 请画出三种排气装置的结构示意图。

5 液压控制阀

在液压系统中,除了需要液压泵提供动力和液压执行元件来驱动工作装置外,还需要对执行元件的启动、停止、速度大小、运动方向以及力、转矩大小和动作顺序等进行控制,这就需要液压控制元件(也称液压控制阀)。液压控制阀就是在液压系统中被用来控制液流的压力、流量和方向,保证执行元件按照负载的要求进行工作。液压控制阀的品种繁多,即使同一种阀,因应用场合不同,用途也有差异。而且,它的性能好坏直接影响液压系统的工作过程和工作特性。因此,液压控制阀是使液压系统协调工作的重要元件。掌握液压控制阀的控制机理是本章学习的关键。

【本章学习目标】
1. 掌握各种控制阀的主要结构、工作原理、性能特点以及使用场合;
2. 熟悉各种阀的图形符号;
3. 明确各种控制阀之间的区别和联系。

5.1 液压控制阀概述

5.1.1 液压控制阀的基本结构与原理

液压控制阀的基本结构主要包括阀芯、阀体和驱动阀芯在阀体内作相对运动的装置。阀芯的主要形式有滑阀、锥阀和球阀;阀体上除有与阀芯配合的阀体孔或阀座孔外,还有外接油管的进出油口;驱动装置可以是手调机构,也可以是弹簧或电磁铁,有时还作用有液压力。液压控制阀正是利用阀芯在阀体内的相对运动来控制阀口的通断及开口大小以进一步实现压力、流量和方向控制的。

5.1.2 液压控制阀的分类

1. 根据结构形式不同分类

(1)滑阀 滑阀为间隙密封,为保证封闭油口的密封性,除阀芯与阀体孔的径向间隙尽可能小外,还需要阀芯与阀口存在一定的密封长度,因此,滑阀运动存在一个死区。如图

5 - 1 - 1(a)所示。

（2）锥阀　锥阀阀芯半锥角一般为 $12°\sim20°$，阀口关闭时为线密封，不仅密封性能好，而且开启阀口时无"死区"，动作灵敏。如图 5 - 1 - 1(b)所示。

（3）球阀　球阀阀口关闭时也为线密封，性能与锥阀相同。如图 5 - 1 - 1(c)所示。

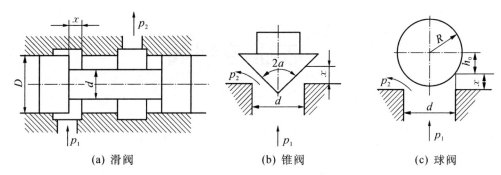

(a) 滑阀　　　　　　(b) 锥阀　　　　　　(c) 球阀

图 5 - 1 - 1　阀的结构形式

2. 根据用途不同分类

（1）压力控制阀　用来控制和调节液压系统液流压力的阀类，如溢流阀、减压阀、顺序阀等。

（2）流量控制阀　用来控制和调节液压系统液流流量的阀类，如节流阀、调速阀、分流集流阀、比例流量阀等。

（3）方向控制阀　用来控制和改变液压系统液流方向的阀类，如单向阀、液控单向阀、换向阀等。

3. 根据控制方式不同分类

（1）定值或开关控制阀　被控制量为定值的阀类，包括普通控制阀、插装阀、叠加阀。

（2）电液比例控制阀　被控制量与输入信号成比例连续变化的阀类，包括普通比例阀。

（3）伺服控制阀　被控制量与（输出与输入之间的）偏差信号成比例连续变化的阀类，包括机液伺服阀和电液伺服阀。

（4）数字控制阀　用数字信息直接控制阀口的启闭，来控制液流的压力、流量、方向的阀类。

4. 根据连接方式不同分类

（1）管式连接　阀体进出口由螺纹或法兰与油管连接。这种连接可靠，安装方便，适用于通径 32 mm 以上大流量系统。

（2）板式连接　阀体进出口通过连接板与油管连接。这种连接便于集成，操纵、调整、维修方便。

（3）插装式连接　将阀芯、阀套组成的组件插入专门设计的阀块内实现不同功能。这种连接结构紧凑，具有一定互换性。

（4）叠加式连接　阀的上、下面为安装面，进、出油口分别在这两个面上。该连接结构紧凑，压力损失小，体积小，便于放置。

5. 根据操纵方式不同分类

可分为人力操纵阀、机械操纵阀和电动操纵阀。

5.1.3 液压阀的性能参数

1. 公称通径

公称通径代表阀的通流能力大小,对应于阀的额定流量。与阀的进、出油口连接的油管的规格与阀的通径相一致。阀工作时的实际流量应小于或等于它的额定流量,最大不得大于额定流量的 1.1 倍。

2. 额定压力

额定压力是指液压阀长期工作所允许的最高压力。

5.1.4 对液压阀的基本要求

1. 工作可靠,动作灵敏,冲击振动小,噪声要低。
2. 阀口开启时,作为方向阀,液流的压力损失要小;作为压力阀,阀芯工作的稳定性要好。
3. 结构紧凑,安装调整维护使用方便,通用性好。

5.2 方向控制阀

方向控制阀在液压系统中主要是用来连通油路或切换液流的方向,从而控制执行元件的启动、停止或改变其运动方向。按其用途可分为单向阀和换向阀。

5.2.1 单向阀

液压系统中常用的单向阀有普通单向阀和液控单向阀两种,前者又简称单向阀。

1. 普通单向阀(单向阀)

普通单向阀是一种只允许液流沿一个方向通过,而反向液流则被截止的方向阀。要求正向流动阻力损失小,反向时,密封性好,动作灵敏。

图 5-2-1(a)所示为一种普通单向阀的结构,压力油从阀体左端的油口流入时克服弹簧 3 作用在阀芯上的力,使阀芯向右移动,打开阀口,并通过阀芯上的径向孔 a、轴向孔 b 从阀体右端的油口流出;但是,压力油从阀体右端的通口流入时,液压力和弹簧力一起使阀芯压紧在阀座上,使阀口关闭,油液无法通过,其图形符号如图 5-2-1(b)所示。

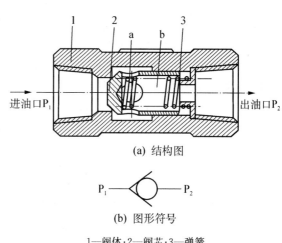

(a) 结构图

(b) 图形符号

1—阀体;2—阀芯;3—弹簧

图 5-2-1 普通单向阀

一般单向阀的开启压力为 0.035~0.05 MPa。单向阀常被安装在泵的出口,一方面防止系统的压力冲击影响泵的正常工作,另一方面在泵不工作时防止系统的油液倒流经泵回油箱。单向阀还被用来分隔油路以防止干扰,或与其他阀并联组成复合阀,如单向减压阀、单向节流阀等。当安装在系统的回油具有一定背压使用时,应更换刚度较大的弹簧,使正向开启压力达到 $0.3 \sim 0.5\,\mathrm{MPa}$。

2. 液控单向阀

液控单向阀除进出油口 P_1、P_2 外,还有一个控制油口 K。图 5-2-2(a)所示为一种液控单向阀的结构,当控制油口 K 处无压力油通入时,它的工作和普通单向阀一样,压力油只能从进油口 P_1 流向出油口 P_2,不能反向流动。当控制油口 K 处有压力油通入时,控制活塞 1 右侧 a 腔通泄油口(图中未画出),在液压力作用下,活塞向右移动,推动顶杆 2 顶开阀芯,使油口 P_1 和 P_2 接通,油液就可以从 P_2 口流向 P_1 口,正、反向的液流均可自由通过。液控单向阀既可以对反向液流起截止作用且密封性好,又可以在一定条件下允许正反向液流自由通过,因此多用于液压系统的保压或锁紧回路。

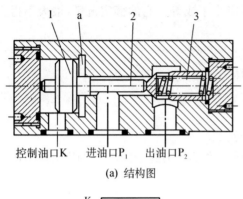

(a) 结构图

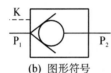

(b) 图形符号

1—活塞;2—顶杆;3—阀芯

图 5-2-2 液控单向阀

需要指出的是,控制压力油油口 K 不工作时,应使其通回油箱,保证压力为零。否则,控制活塞难以复位,单向阀反向不能截止液流。

5.2.2 换向阀

利用阀芯对阀体的相对运动,使油路接通、关断或变换液流的方向,从而实现液压执行元件及其驱动机构的启动、停止或变换运动方向。

按操作阀芯的运动方式可分为手动、机动、电磁动、液动、电液动等。

按阀芯工作时在阀体中所处的位置可分为二位和三位等。

按换向阀所控制的通路数不同可分为二通、三通、四通和五通等。

1. 滑阀式换向阀的工作原理

图 5-2-3 所示为滑阀式换向阀的工作原理图。在图示所在位置,阀体上各油口 A、B、P、T 互不相通。当阀芯向右移动一定的距离时,油口 P、A 相通,B、T_2 相通,由液压泵输出

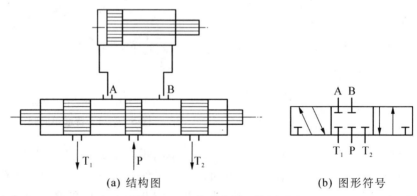

(a) 结构图　　　　　　　　　　(b) 图形符号

图 5-2-3 换向阀的工作原理

的压力油从阀的P口经 A 口输向液压缸左腔,液压缸右腔的油经 B 口流回油箱,液压缸活塞向右运动;反之,若阀芯向左移动某一距离时,液流反向,活塞向左运动。图5-2-3(b)所示为其图形符号。

2. 滑阀式换向阀的操作方式

滑阀式换向阀的操作方式包括手动、机动、电磁动、液动和电液动等。

(1) 手动换向阀

手动换向阀利用手动杠杆来改变阀芯位置实现换向。该阀借助于手柄操纵阀芯对阀体的相对位置,以改变阀的内部通路,从而改变液流方向。手动换心阀可分为弹簧钢珠和弹簧自动复位定位两种(图5-2-4)。弹簧自动复位式手动换向阀适用于动作频繁、工作持续时间短的场合。手动换向阀结构简单,动作可靠,但需人力操纵,故只适用于间歇动作且要求人力控制的场合。

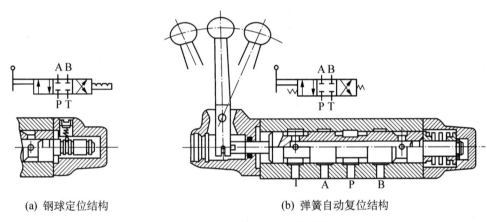

(a) 钢球定位结构   (b) 弹簧自动复位结构

图5-2-4　三位四通手动换向阀

(2) 机动换向阀

机动换向阀也称行程阀,主要用来控制机械运动部件的行程,借助于安装在工作台上的挡铁或凸轮迫使阀芯运动,从而控制液流方向。图5-2-5(a)所示为二位二通机动换向阀结构原理图。图示位置阀芯2在弹簧3作用下处于左端位置,P与A口不通。当挡铁压迫滚轮1使阀芯右移到右端位置时,油口 P 与A相通。图5-2-5(b)所示为其图形符号。

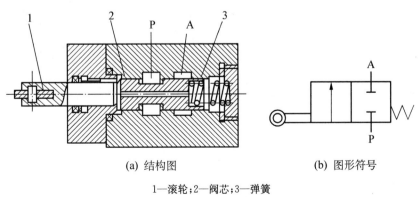

(a) 结构图   (b) 图形符号

1—滚轮;2—阀芯;3—弹簧

图5-2-5　机动换向阀

（3）电磁换向阀

电磁换向阀利用电磁铁的通电吸合与断电释放而直接推动阀芯来控制液流方向。它是电气系统和液压系统之间的信号转换元件。

图 5-2-6(a)所示为二位三通电磁阀结构。在图示位置，油口 P 和 A 相通，油口 B 断开；当电磁铁通电吸合时，推杆 1 将阀芯 2 推向右瑞，这时，油口 P 和 A 断开，而与 B 相通。当电磁铁断电释放时，弹簧 3 推动阀芯复位。图 5-2-6(b)所示为其图形符号。因电磁吸力有限，电磁换向阀的最大通流量小于 100 L/min，若通流量较大或要求换向可靠、冲击小，则选用液动换向阀或电液动换向阀。

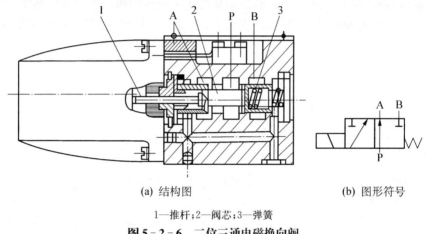

(a) 结构图　　　　　　　　　　(b) 图形符号

1—推杆；2—阀芯；3—弹簧

图 5-2-6　二位三通电磁换向阀

（4）液动换向阀

液动换向阀利用控制油路的压力油来改变阀芯位置的换向阀。阀芯是由其两端密封腔中油液的压差来移动的。如图 5-2-7 所示，当压力油从 K_2 进入滑阀右腔时，K_1 接通回油，阀芯向左移动，使 P 和 B 相通，A 和 T 相通；当 K_1 接通压力油，K_2 接通回油，阀芯向右移动，使 P 和 A 相通，B 和 T 相通；当 K_1 和 K_2 都通回油时，阀芯回到中间位置。

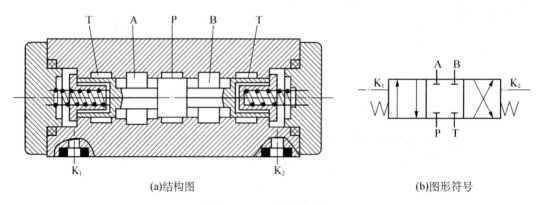

(a)结构图　　　　　　　　　　(b)图形符号

图 5-2-7　液动换向阀

（5）电液换向阀

电液换向阀由电磁阀和液动换向阀两部分组成。电磁阀起先导作用，可以改变液动换向阀的控制油路方向，称为先导阀；液动换向阀实现主油路的换向，称为主阀。由于电液换向阀既能实现换向的缓冲,又能使电液换向阀的流量不受电磁铁限制,因此,可用较小的电磁换向阀来控制较大流量的液动换向阀的换向。所以,电液换向阀特别适用于高压大流量以及换向精度要求较高的液压系统。

如图5-2-8(a)所示,当电磁先导阀的电磁铁不得电时,三位四通电磁先导阀处于中位,液动主阀芯两端油室同时通回油箱,阀芯在两端对中弹簧的作用下亦处于中位。若电磁先导阀右端电磁铁得电处于右位工作时,控制压力油将经过电磁先导阀右位至油口,然后经右位单向阀进入液动主阀芯的右端,而左端油液则经过左端阻尼、电磁先导阀油口回油箱,于是,液动主阀芯向左移,主阀在右位工作,主油路的P与B相通,A与T相通。反之,电磁先导阀左端电磁铁得电,液动主阀则在左位工作,主油路P与A相通,B与T相通。

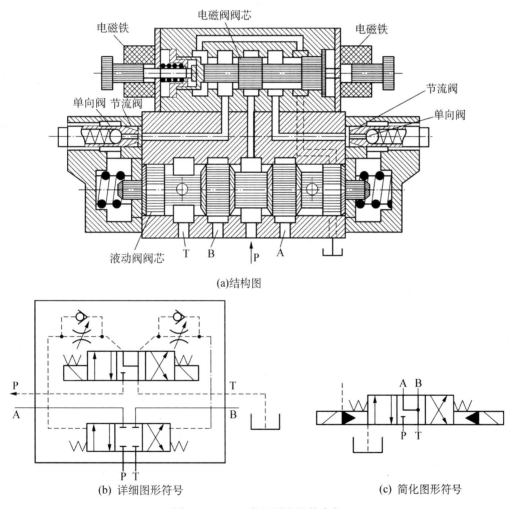

图5-2-8 三位四通电液换向阀

3. 滑阀的中位机能

多位阀处于不同工作位置时,各油口的不同连通方式体现了换向阀的不同控制机能,称之为滑阀机能。对三位四通(五通)滑阀,左、右工作位置用于执行元件的换向;中位则有多种机能以满足该执行元件处于非运动状态时系统的不同要求。表 5-2-1 所列为三位四通换向阀的滑阀中位机能。

表 5-2-1　　　　　　　　　　三位四通滑阀的中位机能

机能型式	结 构 简 图	中间位置的符号		作用、机能特性
		三位四通	三位五通	
O				换向精度高,但有冲击,缸被锁紧,泵不卸荷,并联缸可运动
H				换向平稳,但冲击量大,缸浮动,泵卸荷,其他缸不能并联使用
Y				换向较平稳,冲击量较大,缸浮动,泵不卸荷,并联缸可运动
P				换向最平稳,冲击量较小,缸浮动,泵不卸荷,并联缸可运动
M				换向精度高,但有冲击,缸被锁紧,泵卸荷,其他缸不能并联使用

4. 换向阀的性能

（1）换向可靠性

换向阀的换向可靠性包括两个方面:换向信号发出后,阀芯能灵敏地移到预定的工作位置;换向信号撤出后,阀芯能在弹簧力的作用下自动恢复到常位。

（2）压力损失

换向阀的压力损失包括阀口压力损失和流道压力损失。当阀体采用铸造流道,流道形状接近流线时,流道压力损失可降到很小。

（3）内泄漏量

滑阀式换向阀为间隙密封,内漏不可避免。一般应尽可能减小阀芯与阀体孔的径向间隙,并保证其同心,同时,阀芯台肩与阀体孔有足够的封油长度。在间隙和封油长度一定时,内泄漏量随工作压力的增高而增大。泄漏不仅带来功率损失,而且引起油液发热,影响系统的正常工作。

（4）换向平稳性

要求换向阀换向平稳，实际上就是要求换向时压力冲击要小。手动换向阀和电液动换向阀可通过控制换向时间来改变压力冲击。中位机能为 H、Y 型的电磁换向阀，因液压缸两腔同时通回油，换向经过中位时，压力冲击值迅速下降，因此，换向较平稳。

5. 方向控制阀的选用

方向控制阀的型号、规格、种类繁多，也是液压传动系统的主要控制阀类，选用时，可根据液压系统的最大工作压力、流量、控制方式以及设备液压系统的自动化程度、经济效果等确定合适的方向控制阀。对于换向频繁、没有自动化要求但要求使用安全、可靠时，可选用手动换向阀；对要求动作迅速、操作方便、远距离控制、自动化程度较高时，可选用机动换向阀或电磁换向阀；对流量大、换向时间需要调节时，可选用液动换向阀或电液换向阀。

5.3　压力控制阀

在液压传动系统中，控制油液压力的高低或以液体压力的变化来控制油路通断的液压阀称之为压力控制阀，简称压力阀。这类阀的共同点是利用作用在阀芯上的液压力和弹簧力相平衡的原理工作的。根据在系统中的功用不同，可分为溢流阀、减压阀、顺序阀和压力继电器等。

5.3.1　溢流阀

溢流阀按结构形式分为直动型溢流阀和先导型溢流阀。它旁接在液压系统的出口，保证系统压力恒定或限制其最高压力，有时也旁接在执行元件的进口，对执行元件起安全保护作用。

1. 直动型溢流阀

如图 5-3-1(a) 所示，直动型溢流阀由阀芯 7、阀体 6、调压弹簧 3、调节杆 1 等零件组成。图示为阀的安装位置（常位），阀芯在弹簧力 F_t 的作用下处于最下端位置，阀芯台肩的封油长度 L 将进、出油口隔断。当阀的进口压力油经阀芯下端的径向孔、轴向小孔 a 进入阀芯底部油室，油液受压形成一个向上的液压力 F。在液压力 F 等于或大于弹簧力 F_t 时，阀芯向上运动，上移行程 L 后阀口开启。随着通过阀口的流量增大，阀口进一步开启，阀的出口流量流回油箱。从而保证进口压力基本恒定，系统压力不再升高。调节调压弹簧 3 的预压力，便可调整溢流压力。直动型溢流阀由于采用了阀芯上设阻尼小孔 a 的结构，因此，可避免阀芯动作过快时造成的振动，提高了阀工作的平稳性。

直动型溢流阀因液压力直接与弹簧力相比较而得名。这类阀用于高压、大流量时，需设置

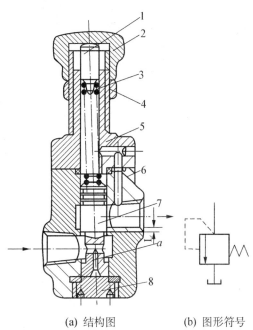

(a) 结构图　　(b) 图形符号

1—调节杆；2—调节螺帽；3—调压弹簧；4—锁紧螺母；
5—阀盖；6—阀体；7—阀芯；8—底盖

图 5-3-1　滑阀式直动型溢流阀

刚度较大的弹簧,且随着流量变化,其调节后的压力 p 波动较大,故这种阀只适用于系统压力较低、流量不大的场合。直动型溢流阀最大调整压力一般为 2.5 MPa。图 5-3-1(b)所示为其图形符号。

2. 先导型溢流阀

如图 5-3-2 所示,先导型溢流阀由主阀和先导阀两部分组成。先导阀类似于直动型溢流阀,一般多为锥阀结构;主阀亦为锥阀,为三级同心结构。即主阀芯的大直径与阀体孔、锥面与阀座孔、上端直径与阀体盖孔三处同心。压力油自阀体 4 中部的进油口 P_1 进入,并通过主阀芯 6 上的阻尼孔 5 进入主阀芯上腔,再经过阀盖 3 上的通道 a 和先导阀座 2 上的小孔作用于先导阀 1 前腔。当进油口的压力 p_1 小于先导阀调压弹簧 9 的调定值时,先导阀关闭,而且由于主阀上、下两侧有效面积比(A_2/A_1)为 1.03~1.05,上侧稍大,作用与主阀芯上的压力差和主阀弹簧力均使主阀口闭紧,不溢流。当进油压力超过先导阀的调定压力时,先导阀被打开,造成自进油口 P_1 经主阀芯阻尼孔 5、先导阀口、主阀芯中心孔至阀体 4 下部出油口 T(溢流口)的流动。阻尼孔处的流动损失使主阀芯上、下腔中的油液产生一个随先导阀流量增加而增加的压力差,当它在主阀芯上、下作用面上产生的总压力差足以克服主阀弹簧力 F_t、主阀自重 G 和摩擦力 F_f 时,主阀芯开启。此时,进油口 P_1 与出油口 T(溢流口)直接相通,造成溢流以保持系统压力。通过调节螺钉 10 可调节调压弹簧的预压力,从而调定液压系统的压力。因此,调节调压弹簧的预紧力即可获得不同的进口压力。调压弹簧需直接与进口压力作用于先导阀上的力相平衡,则弹簧刚度大;而主阀的平衡弹簧只用于主阀阀芯的复位,则弹簧刚度小。

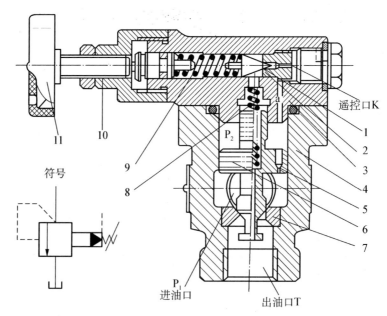

1—先导阀;2—先导阀座;3—阀盖;4—阀体;5—阻尼孔;6—主阀芯
7—主阀座;8—主阀弹簧;9—调压弹簧;10—调节螺钉;11—调节手轮

图 5-3-2 三级同心溢流阀

先导型溢流阀在工作时,由于先导阀调压,主阀溢流,溢流口变化时平衡弹簧预紧力变化小,因此进油口压力受溢流量变化的影响不大,其压力流量特性优于直动型溢流阀。故先导型溢流阀广泛应用于高压、大流量和调压精度要求较高的场合。额定压力为 6.3 MPa。

先导型溢流阀有一个远程控制口 K，如果将 K 口用油管接到另一个远程调压阀（远程调压阀的结构和溢流阀的先导控制部分一样），调节远程调压阀的弹簧力，即可调节溢流阀主阀芯上端的液压力，从而对溢流阀的溢流压力实现远程调压。但是，远程调压阀所能调节的最高压力不得超过溢流阀本身先导阀的调整压力。当远程控制口 K 通过二位二通阀接通油箱时，主阀芯上端的压力接近于零，主阀芯上移到最高位置，阀口开得很大。由于主阀弹簧较软，这时，溢流阀进口处压力很低，系统的油在低压下通过溢流阀流回油箱，实现卸荷。

3. 溢流阀的应用

溢流阀在液压系统中的主要用途如下：

（1）作定压阀用

在定量泵和节流阀的调速系统中，溢流阀不断地将系统中多余的油液溢回油箱，并保持系统压力基本稳定。在此回路中，阀芯处于常开状态，其溢流量大小，视从节流阀进入液压缸的流量大小而定，如图 5-3-3 所示。

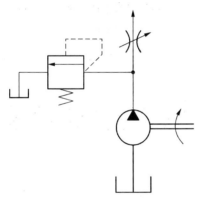

图 5-3-3　溢流阀起定压溢流作用

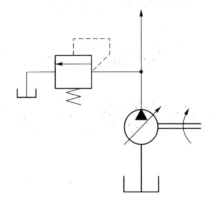

图 5-3-4　溢流阀起限压安全作用

（2）作安全阀用

在限压式变量泵的旁路节流调速回路和采用变量泵的液压系统中，泵的压力随负载变化，则需防止过载。溢流阀是用来限定系统的最高压力，起过载保护作用的，故称安全阀。系统正常工作时此阀处于常闭状态，系统压力高于正常工作压力时，阀芯打开溢流，使压力不再升高，如图 5-3-4 所示。为保证系统压力正常工作，安全阀的调整压力应高于系统最高工作压力的 10%～20%。

（3）作卸荷阀用

在采用先导型溢流阀调压的定量泵系统中，当阀的外控口 K 与油箱连通时，其主阀阀芯在进口压力很低时即抬起，使泵卸荷，以减少能量损耗。如图 5-3-5 所示。当电磁铁通电时，溢流阀外控口通油箱，使泵卸荷。

（4）远程调压

如图 5-3-6 所示，当先导型溢流阀的外控口 K 与调压较低的溢流阀连通时，其主阀阀芯上腔的油压只要达到低压阀的调整压力，主阀即可溢流，即实现远程调压。应当注意，远程调压阀的调整压力必须小于先导型溢流阀的调整压力。

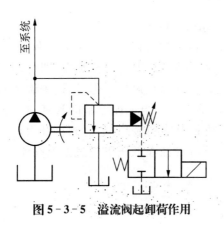

图 5-3-5 溢流阀起卸荷作用

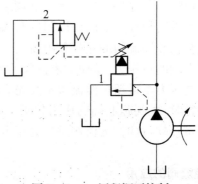

图 5-3-6 远程调压控制

5.3.2 减压阀

减压阀是一种利用液流流过缝隙液阻产生压力损失而使其出口压力(二次压力)低于进口压力(一次压力)的一种压力控制阀。根据减压阀所控制的压力不同,它可分为用于保证出口压力为定值的定值减压阀;用于保证进出口压力差不变的定差减压阀和用于保证进出口压力成比例的定比减压阀。其中定值减压阀应用最广,又称减压阀。这里只介绍定值减压阀。

对定值减压阀的性能要求是:出口压力保持恒定,且不受进出口压力和流量变化的影响。

1. 减压阀的结构和工作原理

图 5-3-7 所示是一种常用的先导型减压阀结构原理图。它也分为先导阀和主阀两部

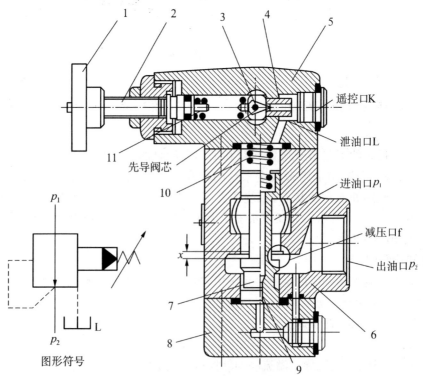

1—调压手轮;2—调节螺钉;3—先导锥阀;4—锥阀座;5—阀盖;6—阀体;
7—主阀芯;8—端盖;9—阻尼孔;10—主阀弹簧;11—调压弹簧
图 5-3-7 先导型减压阀

分。由先导阀调压,主阀减压。压力油 p_1(一次压力油)由进油口进入,经主阀阀芯 7 和阀体 6 所形成的减压口后从出油口 p_2 流出。由于油液流过减压口的缝隙时有压力损失,所以出口油压 p_2(二次压力油)低于进口压力 p_1。与此同时,出口压力油 p_2 经阀体 6 和端盖 8 上通道进入主阀阀芯 7 下腔,再经主阀阀芯 7 上的阻尼孔 9 引入主阀阀芯上腔和先导锥阀 3 的前腔。当负载较小、出口压力 p_2 低于调压弹簧 11 所调定的压力时,先导阀关闭。当主阀阀芯 7 上的阻尼孔 9 内无油液流动时,主阀阀芯上、下两腔油压均等于出口油压 p_2,主阀阀芯在主阀弹簧 10 的作用下处于最下端位置,此时,减压口全开,不起减压作用;当出口压力 p_2 上升并超过调压弹簧 11 所调定的压力时,先导阀阀口打开,油液经先导阀和泄油口流回油箱。由于阻尼孔 9 的作用,主阀阀芯上腔的压力 p_3 将小于下腔的压力。当此压力差(p_2-p_3)所产生的作用力大于主阀阀芯弹簧的预紧力时,主阀阀芯 7 上升使减压口缝隙减小,p_2 下降,直到出口压力 p_2 下降到调定值时,先导阀芯和主阀阀芯同时处于平衡状态。此时,减压阀保持一定开度,出口压力 p_2 稳定在调压弹簧 11 所调定的压力值上。调节调压弹簧 11 的预压缩量,即调节调压弹簧力的大小就可改变阀的出口压力。

减压阀的阀口为常开型,其泄油口必须由单独设置的油口通往油箱,且泄油管不能插入油箱液面以下,以免造成背压,使泄油不畅,影响阀的正常工作。

2. 减压阀的应用

图 5-3-8 所示为减压阀用在液压系统中获得压力低于系统压力的二次油路,如控制油路、夹紧油路、润滑油路。这些回路的压力常需低于主油路的压力,因而常采用减压回路。必须说明的是,减压阀的出口压力还与出口的负载有关,若因负载建立的压力低于调定压力,则出口压力由负载决定,此时,减压阀不起减压作用,进出口压力相等,即减压阀保证出口压力恒定的条件是先导阀开启。

将先导型减压阀和先导型溢流阀进行比较,它们之间有如下几点不同之处:

(1) 减压阀为出口压力控制,保证出口压力为定值,而溢流阀为进口压力控制,保证进口压力恒定。

(2) 减压阀阀口常开,进出油口相通;溢流阀阀口常闭,进出油口不通。

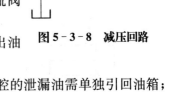

图 5-3-8 减压回路

(3) 减压阀出口压力油去工作,压力不等于零,先导阀弹簧腔的泄漏油需单独引回油箱;溢流阀的出口直接接回油箱,因此,先导阀弹簧腔的泄漏油经阀体内流道内泄至出口。

与溢流阀相同的是,减压阀亦可以在先导阀的远程调压口接远程调压阀实现远控或多级调压。

5.3.3 顺序阀

1. 顺序阀的分类

顺序阀是一种利用压力控制阀口通断的压力阀。因用于控制多个执行元件的动作顺序而得名。实际上,除用来实现顺序动作的内控外泄形式外(图 5-3-9),还可以通过改变上盖或底盖的装配位置得到内控内泄、外控外泄、外控内泄等三种类型。它们的图形符号如图 5-3-10 所示,其中内控内泄用在系统中作平衡阀或背压阀;外控内泄用作卸载阀;外控外泄相当于一个液控二位二通阀。上述四种控制形式的阀在结构上完全通用,因此又统称为顺序阀,其工作原理与溢流阀类似,这里不再介绍。

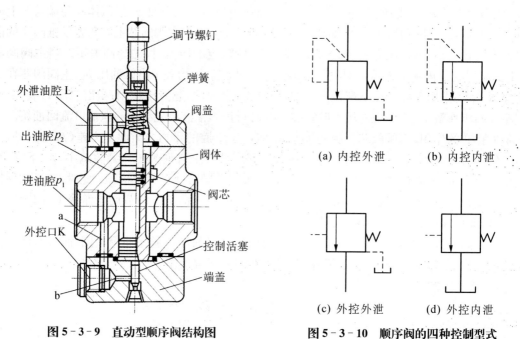

图 5-3-9　直动型顺序阀结构图

图 5-3-10　顺序阀的四种控制型式

2. 顺序阀的应用

(1) 内控外泄顺序阀与溢流阀非常相像:阀口常闭,进口压力控制,但是该阀出口油液要去工作,所以有单独的泄油口。内控外泄顺序阀用于多个执行元件顺序动作。其进口压力先要达到阀的调定压力,而出口压力取决于负载。当负载压力高于阀的调定压力时,进口压力等于出口压力,阀口全开;当负载压力低于调定压力时,进口压力等于调定压力,阀的开口一定。图 5-3-11 所示为利用顺序阀实现顺序动作。

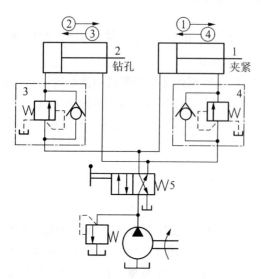

图 5-3-11　利用顺序阀的顺序动作

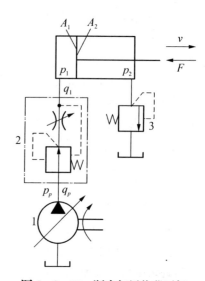

图 5-3-12　顺序阀用作背压阀

(2) 内控内泄顺序阀的图形符号和工作原理与溢流阀相同。多串联在执行元件的回油路上,使回油具有一定压力,保证执行元件运动平稳。图 5-3-12 所示为顺序阀用作背压阀。

(3) 外控内泄顺序阀在功能上等同于液动二位二通阀,且出口接回油箱,因作用在阀芯上的液压力为外力,而且大于阀芯的弹簧力,因此,工作时阀口全开,可作卸载阀,图5-3-13 所示为顺序阀用作卸载阀。

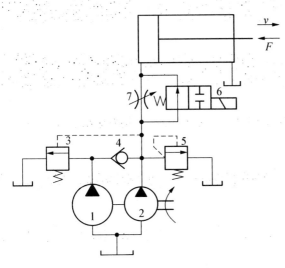

图 5-3-13　顺序阀用作卸载阀

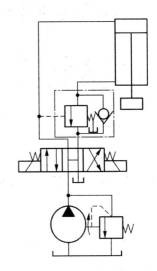

图 5-3-14　顺序阀用作平衡阀

(4) 外控外泄顺序阀可作液动开关和限速锁。如远控平衡阀可限制重物下降的速度。图 5-3-14 所示为顺序阀用作平衡阀。

5.3.4　压力继电器

压力继电器是一种将液压系统的压力信号转换为电信号输出的元件。其作用是,根据液压系统压力的变化,通过压力继电器内的微动开关,自动接通或断开电气线路,实现执行元件的顺序控制或安全保护。

图 5-3-15(a)所示为单触点柱塞式压力继电器的结构原理图。压力油从油口 p 口进入,并作用于柱塞 1 的底部,当压力达到弹簧的调定值时,便克服弹簧阻力和柱塞表面摩擦力,推动柱塞上升,柱塞上移压微动开关触头发出电信号。当液压力小于弹簧力时,微动开关触头复位。图 5-3-15(b)所示为压力继电器的图形符号。

调节螺帽 2 可调节弹簧的预紧力,即可调节压力继电器发出电信号时的油压值,其最低压力和最高压力之间的范围称为调压范围。压力继电器发出电信号时的压力称为开启压力;切断电信号时的压力称为闭合压力。由于开启时摩擦力的方向与油压力的方向相反,闭合时则相同,故开启压力大于闭合压力,其差值称为压力继电器通断返回区间,它应有足够大的数值。否则,系统压力脉动时,压力继电器发出的电信号变化频率过快会影响系统正常工作。中压系统中的压力继电器其返回区间一般为 0.35~0.8 MPa。

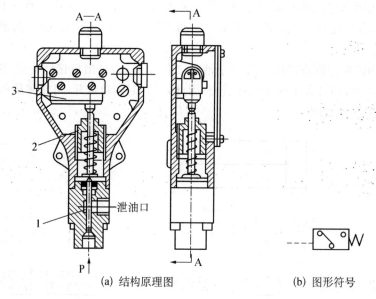

A—A

3

2

1

泄油口

P

(a) 结构原理图

(b) 图形符号

1—柱塞；2—调节螺帽；3—微动开关

图 5-3-15　单触点柱塞式压力继电器

5.4 **流量控制阀**

　　流量控制阀在液压系统中主要用来调节通过阀口的流量，以满足对执行元件运动速度的要求。流量控制阀均利用改变阀口通流截面的大小或通流通道的长短来改变液阻（液阻即为小孔缝隙对液体流动产生的阻力），以达到调节通过阀口流量的目的。常用的流量控制阀包括节流阀、调速阀和分流阀。

5.4.1　流量控制阀的节流特性

1. 节流口的结构形式

　　任何一个流量控制阀都有一个节流部分，称为节流口。改变节流口的通流面积就可以改变通过节流阀的流量。图 5-4-1 所示为节流口的几种结构形式。

　　其中图 5-4-1(a) 所示为针阀式节流口。其节流口的截面形状为环形缝隙。当改变阀芯轴向位置时，通流面积发生改变，从而改变了流量。这种结构形式加工简单，但节流口通道较长，易堵塞，流量受温度变化的影响也大，一般用于节流特性要求较低的场合。

　　图 5-4-1(b) 所示为偏心式节流口。在阀芯上开有一个截面为三角形或矩形的偏心槽，在转动阀芯时，就可以改变通道大小。结构也较简单，但节流口通道较长，易堵塞；由于节流通流截面是三角形的，所以能获得较小的稳定流量。

　　图 5-4-1(c) 所示为轴向三角槽式节流口。在阀芯端部开有一个或两个斜的三角槽，轴向移动阀芯即可改变液流通流截面的大小。结构简单，工艺性好，小流量时的稳定性较好，调节范围大。但节流通道也较长，温度变化会影响流量稳定性。目前该结构应用比较

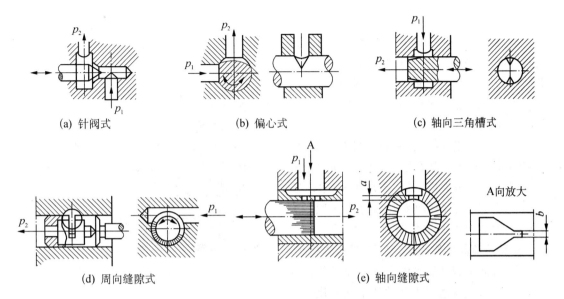

(a) 针阀式   (b) 偏心式   (c) 轴向三角槽式

(d) 周向缝隙式   (e) 轴向缝隙式

图 5-4-1　节流口的结构形式

广泛。

图 5-4-1(d)所示为周向缝隙式节流口。阀芯的圆周上开有狭缝,油液通过狭缝流出。旋转阀芯可改变缝隙的通流面积大小。这种节流口油温变化对流量影响小,不易堵塞,可获得较小的稳定流量。但结构复杂,工艺性差,常用于低压节流阀。

图 5-4-1(e)所示为轴向缝隙式节流口。在套筒上开有轴向缝隙,轴向移动阀芯就可以改变缝隙的通流面积大小。这种节流口流量对温度变化不敏感。小流量时,流量稳定性较好,不易堵塞,常用于性能要求较高的场合。

2. 节流口流量特性

由流体力学知识可知,不论节流口的形式如何,通过节流口的流量 q 都和节流口前、后的压力差 Δp 的 m 次方成正比,即流量特性公式为

$$q = K_L A \Delta p^m \tag{5-1}$$

式中　q——过节流口的流量;

　　　　A——节流口的通流截面面积;

　　　　Δp——节流口进、出口压力差;

　　　　m——由节流口形状决定的指数,近似薄壁孔时,$m = 0.5$;近似细长孔时,$m = 1$;

　　　　K_L——由节流口的断面形状、大小及油液性质决定的系数。

这个公式说明,通过节流口的流量与节流口截面面积以及节流口进、出口压力差的 m 次方成正比。在 Δp 一定时,可以通过调节节流口的开口大小,即通过改变节流口的通流面积来调节流经节流口的流量 q。

液压系统工作时,当节流口的通流面积调好后,希望通过节流阀的流量稳定不变,以保证执行元件的速度稳定。但实际上,通过节流阀的流量会受到节流口前后压差、油温以及节流口形状等因素的影响。

5.4.2 节流阀

节流阀是一种最简单又最基本的流量控制阀,其实质相当于一个可变节流口,即一种借助于控制机构使阀芯相对于阀体孔运动,从而改变阀口过流面积的阀。常用在定量泵节流调速回路实现调速。图5-4-2所示为一种典型的节流阀结构,主要零件为阀芯、阀体和螺母。阀体上开有进油口和出油口。阀芯一端开有三角尖槽,另一端加工有螺纹,旋转阀芯即可轴向移动改变阀口过流面积。为了平衡液压径向力,三角槽须对称布置。

这种节流阀结构简单,制造容易,体积小,使用方便,但负载和温度的变化对流量稳定性的影响较大,故只适用于负载和温度变化不大或速度稳定性要求不高的场合。

(a) 结构图　　　　　　(b) 图形符号

1—螺母;2—阀体;3—阀芯

图 5-4-2　节流阀

5.4.3 调速阀

1. 调速阀的工作原理

调速阀与节流阀的不同之处是带有压力补偿装置,即由定差减压阀与节流阀串联而成的组合阀。由于定差减压阀的自动调节作用,可使节流阀前后压差保持恒定,从而在开口一定时使阀的流量基本不变。因此,调速阀具有调速和稳速的功能,常用于执行元件负载变化较大、运动速度稳定性要求较高的液压系统。其缺点为结构较复杂,压力损失较大。

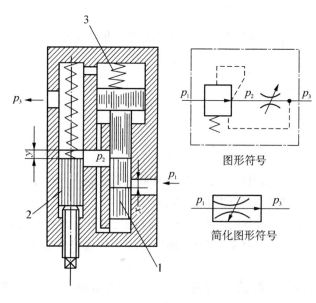

1—定差减压阀阀芯;2—节流阀阀芯;3—弹簧

图 5-4-3　调速阀的工作原理

图5-4-3所示为调速阀工作原理图。图中调速阀是由定差减压阀与节流阀串联而成。压力油 p_1 先经定差减压阀的阀口 x,压力由 p_1 减至 p_2,然后经节流阀阀口 y 流出,出口压力减为 p_3。节流阀进、出口压力油 p_2、p_3 经阀体流道被引至定差减压阀阀芯的两端,$(p_2 - p_3)$ 与定差减压阀的弹簧力 F_t 进行比较,因定差减压阀阀口的压力补偿作用,使得节流阀两端的压差 $\Delta p = (p_2 - p_3) = F_t$ 基本不变。因此,当节流阀通流面积 A 不变时,由式(5-1)可知,通过它的流量 q 也基本不变。也就是说,无论负载如何变化,只要节流阀通流面积 A 不变,液压缸的速度亦会保持

基本恒定。例如,当负载增加使 p_3 增大的瞬间,减压阀阀芯下移,阀口开大,阀口液阻减小,使 p_2 也增大,$\Delta p = (p_2 - p_3)$ 基本不变;反之亦然。因此,调速阀适用于负载变化较大、速度平稳性要求较高的系统。各类组合机床,车、铣床等设备的液压系统常用调速阀调速。

2. 调速阀的流量特性和最小压差

图 5 - 4 - 4 所示为调速阀与节流阀的特性曲线,它表示了两种阀的流量 q 随阀进、出油口两端压力差 Δp 的变化规律。从图中可看出,节流阀的流量随着压力差 Δp 的变化而近似平方根曲线规律变化。而调速阀在压力差大于一定值(如图中 Δp 大于 a 点数值)后,其流量基本是稳定的。当调速阀压力差很小时,如图 5 - 4 - 4 所示 Δp 小于 a 点前的数值,减压阀阀芯被弹簧压向下端,阀口全部打开,减压阀不起作用,这时,调速阀的特性就和节流阀相同。所以,调速阀正常工作时,最小应保证有 0.4~0.5 MPa 的压力差。

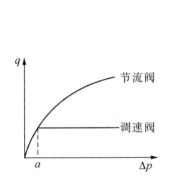

图 5 - 4 - 4　调速阀与节流阀的特性曲线

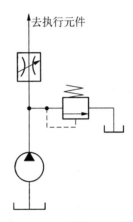

图 5 - 4 - 5　节流调速回路

调速阀和节流阀在液压系统中的应用基本相同,主要与定量泵、溢流阀组成节流调速系统。如图 5 - 4 - 5 所示节流阀适用于运动平稳性要求不高的节流调速系统,而调速阀适用于执行元件负载变化大而运动速度要求平稳的系统。

5.5　新型控制阀

近年来,随着液压技术的迅速发展,一些新型的控制阀也相继出现,如电液比例阀、插装阀和数字阀等。由于它们的出现,扩大了阀类元件的品种和液压系统的使用范围。与普通液压控制阀相比,它们具有显著的特点。下面予以简单介绍。

5.5.1　电液比例阀

1. 电液比例阀的功用及特点

电液比例阀是能够使输入的电信号连续地、按比例地控制液压系统中的流量、压力和方向的控制阀,是介于普通阀和伺服阀之间的一种液压控制阀。普通液压阀只能对液流的压力、流量进行定值控制,对液流的方向进行开关控制,当工作机构的动作要求对液压系统的压力、流量参数进行连续控制或控制精度要求较高时,则不能满足要求。这时就需要用电液比例控制阀(简称比例阀)进行控制。

大多数比例阀具有类似普通液压阀的结构特征。它与普通液压阀的主要区别在于,其阀芯的运动是采用比例电磁铁控制,使输出的压力或流量与输入的电流成正比。所以可用改变输入电信号的方法对压力、流量进行连续控制。有的阀还兼有控制流量大小和方向的功能。

2. 电液比例溢流阀

用比例电磁铁取代先导型溢流阀手调装置(调压手柄),便成为先导型比例溢流阀,如图5-5-1所示。该阀下部与普通溢流阀的主阀相同,上部则为比例先导压力阀。该阀还附有一个手动调整的安全阀(先导阀)4,用以限制比例溢流阀的最高压力。以避免因电子仪器发生故障使得控制电流过大、压力超过系统允许最大压力的可能性。比例电磁铁的推杆向先导阀芯施加推力,该推力作为先导级压力负反馈的指令信号。随着输入电信号强度的变化,比例电磁铁的电磁力将随之变化,从而改变指令力 $P_{指}$ 的大小,使锥阀的开启压力随输入信号的变化而变化。若输入信号连续、按比例地或按一定程序变化,则比例溢流阀所调节的系统压力也连续、按比例地或按一定的程序进行变化。因此,比例溢流阀多用于系统的多级调压或实现连续的压力控制。直动型比例溢流阀作先导阀与其他普通的压力阀的主阀相配,便可组成先导型比例溢流阀、比例顺序阀和比例减压阀。

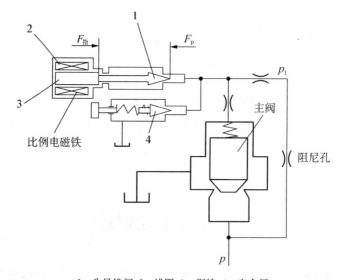

1—先导锥阀;2—线圈;3—衔铁;4—安全阀

图5-5-1 先导型比例溢流阀的工作原理简图

3. 电液比例调速阀

用比例电磁铁取代节流阀或调速阀的手调装置,以输入电信号控制节流口开度,便可连续地或按比例地远程控制其输出流量,实现执行部件的速度调节。图5-5-2所示是电液比例调速阀的结构原理图及图形符号。图中的节流阀芯由比例电磁铁的推杆操纵,输入的电信号不同,则电磁力不同,推杆受力不同,与阀芯左端弹簧力平衡后,便有不同的节流口开度。由于定差减压阀已保证了节流口前、后压差为定值,所以,一定的输入电流就对应一定的输出流量,不同的输入信号变化,就对应着不同的输出流量变化。

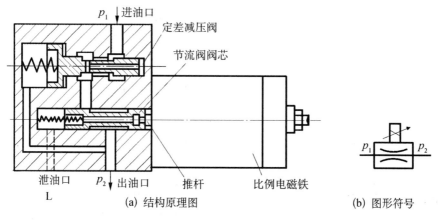

(a) 结构原理图   (b) 图形符号

图 5-5-2 比例调速阀

电液比例调速阀主要用于多工位加工机床、注射成型机、抛沙机等的液压系统的速度控制,也可用于远距离的速度控制和速度自动控制系统中。

5.5.2 插装阀

插装阀(逻辑阀),是一种较新型的液压元件,它的特点是通流能力大,密封性能好,动作灵敏,结构简单,因而主要用于流量较大的系统或对密封性能要求较高的系统。

1. 插装阀的工作原理

插装阀的结构及图形符号如图 5-5-3 所示。它由控制盖板、插装单元(由阀套、弹簧、阀芯及密封件组成)、插装块体组成。由于这种阀的插装单元在回路中主要起通、断作用,故又称二通插装阀。二通插装阀的工作原理相当于一个液控单向阀。图中 A 和 B 为主油路仅有的两个工作油口,K 为控制油口(与先导阀相接)。当 K 口无液压力作用时,阀芯受到的向上的液压力大于弹簧力,阀芯开启,A 与 B 相通,至于液流的方向,视 A、B 口的压力大小而定。反之,当 K 口有液压力作用时,且 K 口的油液压力大于 A 和 B 口的油液压力,才能保证A 与 B 之间关闭。

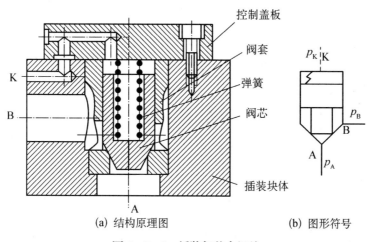

(a) 结构原理图   (b) 图形符号

图 5-5-3 插装阀基本组件

插装阀与各种先导阀组合,便可组成方向控制阀、压力控制阀和流量控制阀。

2. 插装阀的应用举例

(1) 单向阀

如图5-5-4所示结构,将方向阀组件的控制口 K 通过阀块和盖板上的通道与油口 A 或 B 直接沟通,可组成单向阀。其中,图5-5-4(b)所示结构,反向(A→B)关闭时,控制腔的压力油可能经阀芯上端与阀套孔之间的环形间隙,向油口 B 泄漏,密封性能不及图5-5-4(a)所示的连接形式。

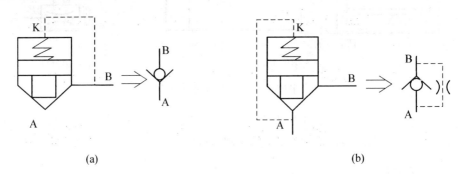

(a)　　　　　　　　　　　　　　　　　(b)

图5-5-4　单向阀

(2) 三通阀

图5-5-5所示三通插装阀由两个方向阀组件并联而成,对外形成一个压力油口 P,一个工作油口 A 和一个回油口 T。两组件的控制腔的通油方式由一个二位四通电磁滑阀(先导阀)控制。在电磁铁不得电时,二位四通阀左位工作,阀1的控制腔接回油箱,阀口开启;阀2的控制腔接压力油 P,阀口关闭。于是,油口 A 与 T 通,油口 P 不通。

若电磁铁得电,二位四通阀换至右位工作,阀1的控制腔接压力油 P,阀口关闭;阀2的控制腔接回油箱,阀口开启,油口 P 与 A 通,油口 T 不通。

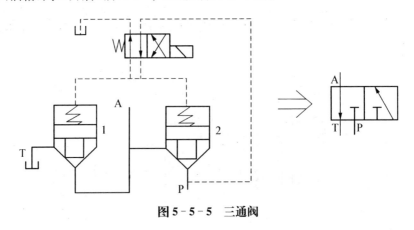

图5-5-5　三通阀

3. 插装阀及其集成系统的特点

(1) 插装主阀结构简单,通流能力强,最大流量可达 10 000 L/min。

(2) 泄漏小,先导阀功率小,节能效果明显。

(3) 不同的阀,有相同的主阀,一阀多能,便于实现标准化。

(4) 便于无管连接,实现集成化。

5.6　叠　加　阀

　　叠加阀早期用来作插装阀的先导阀,后发展成为一种全新的阀类。它以板式阀为基础,单个叠加阀的工作原理与普通阀完全相同,所不同的是每个叠加阀都有四个油口 P、A、B、T,上下贯通,它不仅起到单个阀的功能,而且还沟通阀与阀的流道。叠加阀组成回路时,换向阀安装在最上方,所有对外连接油口开在最下边的底板上,其他的阀通过螺栓连接在换向阀和底板之间。图 5-5-6 所示为叠加阀的装置图,图 5-5-7 所示为叠加阀的系统图。

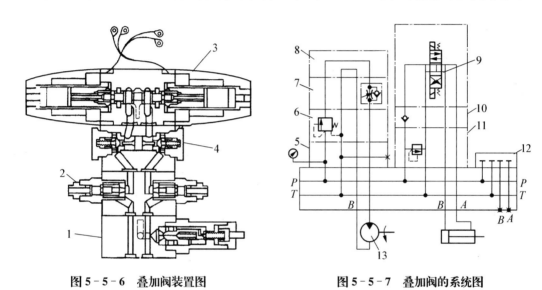

图 5-5-6　叠加阀装置图　　　　　　图 5-5-7　叠加阀的系统图

小　　结

　　本章主要介绍液压系统的各种控制阀的结构、工作原理以及它们的典型应用,内容较多且在教材中占有相当重要的地位,是本门课程学习的重点和难点。本章学习的重点是液压控制阀的工作原理。由于阀的种类很多,原理不尽相同,初学者可能会感到有些困难,但如果我们把它们分类来理解,问题就简单多了。从本质上讲,方向控制阀都是利用阀芯与阀体相对位置的改变来实现阀内部油路的接通或断开,从而满足液压系统中各种换向功能要求的;压力控制阀都是利用主阀阀芯上液压力与弹簧力相互作用来改变其工作位置(开度),再利用油液流经小孔和缝隙产生压力降从而满足液压系统中各种压力调控功能要求的。流量控制阀都是利用阀内节流口开口大小的调节来改变通过阀内的流量,从而满足液压系统中执行元件的速度调控功能要求的。

　　掌握各种液压元件,尤其是控制阀的性能及其图形符号是分析液压基本回路的重要前提,因此,本章的知识是学习后续内容的基础。

　　由于本章内容较多,初学者最好能用归类、比较的方法来学习,这样便能起到事半功倍的效果。

习　题

1. 普通单向阀能否作背压阀使用？背压阀的开启压力一般是多少？

2. 液控单向阀与普通单向阀有何区别？通常应用在什么场合？使用时,应注意哪些问题？

3. 试说明三位四通阀 O 型、M 型、H 型中位机能的特点和它们的应用场合。

4. 为什么直动式溢流阀适用于低压系统,而先导式溢流阀适用于中、高压系统？

5. 减压阀为什么能降低系统某一支路的压力并保持其基本恒定？

6. 若将减压阀的进、出口反接,会出现什么情况？

7. 试从结构、工作原理、职能符号等方面比较溢流阀、减压阀和顺序阀的异同。

8. 阀的铭牌不清楚时,不用拆开,如何判断哪个是溢流阀？哪个是减压阀？

6 液压辅助元件

液压系统中的辅助装置,如蓄能器、滤油器、油箱、管件、密封装置等,虽然它们的结构比较简单,功能也较单一,但对系统的动态性能、工作稳定性、工作寿命、噪声和温升等都有直接影响,必须予以重视。其中,油箱需根据系统要求自行设计,其他辅助装置则做成标准件,供设计时选用。

【本章学习目标】
1. 掌握蓄能器的工作原理及应用;
2. 掌握滤油器的工作原理及应用;
3. 掌握油箱的功用及结构特点;
4. 掌握密封的机理及应用。

6.1 蓄 能 器

蓄能器是液压系统的储能元件,它储存多余的压力油液,并在需要时释放出来供给系统。此外,蓄能器还具有缓和液压冲击及吸收压力脉动等作用。

6.1.1 蓄能器的类型和结构

蓄能器有重锤式、弹簧式和充气式三类,常用的是充气式,充气式又分为气瓶式、活塞式和气囊式三种。本节主要介绍活塞式和气囊式两种蓄能器。

1. 活塞式蓄能器

图 6-1-1(a)所示为活塞式蓄能器。它是利用在缸筒 2 中浮动的活塞 1 把缸中的液压油和气体隔开,气体经充气阀 3 进入上腔,活塞的凹部面向充气,以增加气体室的容积。压力油从下腔油口 a 进入,推动活塞,压缩活塞上腔的气体储存能量;当系统压力低于蓄能器内压力时,气体推动活塞,释放压力油,满足系统需要。该蓄能器结构较简单,安装和维修方便,但活塞惯性和摩擦阻力会影响蓄能器动作的灵敏性,而且活塞不能完全防止气体进入油液,故这种蓄能器的性能并不十分理想。最高工作压力为 17 MPa,总容量为 1～39 L,温度适用范围为 -4℃～80℃。

2. 气囊式蓄能器

图 6-1-1(b)所示为气囊式蓄能器。它由壳体 1、皮囊 2、充气阀 3、限位阀 4 等组成,工作压力为 3.5~35 MPa,容量范围为 0.6~200 L,温度适用范围为-10℃~65℃。工作前,从充气阀向皮囊内冲进一定压力的气体,然后将充气阀关闭,使气体封闭在皮囊内。要储存的油液,从壳体底部限位阀处引到皮囊外腔,使皮囊受压缩而储存液压能;当系统压力低于蓄能器内压力时,气囊膨胀压力油输出,蓄能器释放能量。其优点是气体与油液完全隔开,气囊惯性小,反应灵敏,且结构小、重量轻,一次充气后能长时间地保存气体,充气较方便,故在液压系统中得到广泛的应用。图 6-1-1(c)所示为充气式蓄能器的图形符号。

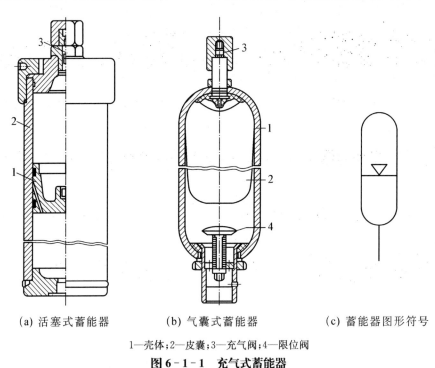

(a) 活塞式蓄能器　　　　(b) 气囊蓄能器　　　　(c) 蓄能器图形符号

1—壳体;2—皮囊;3—充气阀;4—限位阀

图 6-1-1　充气式蓄能器

6.1.2　蓄能器的功用

1. 作辅助动力源

当液压系统工作循环中所需的流量变化较大时,可采用一个蓄能器和一个较小流量的液压泵,在短期大流量时,由蓄能器与液压泵同时供油,所需流量较小时,液压泵将多余的油液向蓄能器充油,这样,可节省能源,降低温升。另一方面,在有些特殊场合为防止停电或驱动液压泵的原动力发生故障时,蓄能器可作应急能源短期使用。

2. 保压和补充泄漏

当液压系统要求较长时间内保压时,可采用蓄能器,补充其泄漏,使系统压力保持在一定范围内。

3. 缓和压力冲击,吸收压力脉动

当阀门突然关闭或换向时,系统中产生的冲击压力,可由安装在产生冲击处的蓄能器来吸收,使液压冲击的峰值降低,若将蓄能器安装在液压泵的出口处,可降低液压泵压力脉动

的峰值。

6.1.3 蓄能器的使用和安装

蓄能器在液压系统中的安装位置随其功用而定,主要应注意以下几点:

1. 气囊式蓄能器应垂直安装,油口向下。

2. 用于吸收液压冲击和压力脉动的蓄能器应尽可能安装在振源附近。

3. 装在管路上的蓄能器须用支板或支架固定。

4. 蓄能器与液压泵之间应安装单向阀,防止液压泵停止时,蓄能器储存的压力油倒流而使液压泵反转。蓄能器与管路之间也应安装截止阀,供充气和检修之用。

6.2 滤 油 器

6.2.1 滤油器的功用和基本要求

滤油器的功用在于过滤混在液压油中的杂质,使进入到液压系统中的油液的污染度降低,保证系统正常地工作。一般,对滤油器的基本要求如下:

1. 有足够的过滤精度 过滤精度是指滤油器滤芯滤去杂质的粒度大小,以其直径 d 的公称尺寸(μm)表示。粒度越小,精度越高。精度分粗($d \geqslant 100\ \mu m$)、普通($d \geqslant 10 \sim 100\ \mu m$)、精($d \geqslant 5 \sim 10\ \mu m$)和特精($d \geqslant 1 \sim 5\ \mu m$)四个等级。

2. 有足够的过滤能力 过滤能力即一定压力降下允许通过滤油器的最大流量,一般用滤油器的有效过滤面积(滤芯上能通过油液的总面积)来表示。对滤油器过滤能力的要求,应结合滤油器在液压系统中的安装位置来考虑,如滤油器安装在吸油管路上时,其过滤能力应为液压泵流量的 2 倍以上。

3. 应有一定的机械强度 滤油器不能因液压力的作用而破坏。

4. 抗腐蚀性能好 滤芯要有抗腐蚀能力,并能在规定的温度下持久地工作。

5. 滤芯要利于清洗和更换,便于拆装与维护。

6.2.2 滤油器的类型和结构

滤油器按过滤精度可分为粗滤油器和精滤油器两大类;按类型结构可分为网式、线隙式、烧结式、纸质式和磁性等;按过滤方式可分为表面型、深度型和中间型滤油器。

1. 表面型滤油器

表面型滤油器的滤芯表面与液压介质接触,这种过滤材料像筛网一样将杂质颗粒阻留在其表面上,最常见的是金属网制成的网式滤油器,如图 6-2-1(a)所示。这是一种粗滤油器,过滤精度低,一般滤去 d 为 0.08~0.18 mm 的杂质颗粒,阻力小,其压力损失不超过 0.01 MPa,可以安装在液压泵的进口,保护液压泵不被大粒度机械杂质损坏,又不影响液压泵的吸入。另外一种常见的表面型滤油器是如图 6-2-1(b)所示的线隙式滤油器,它是由细金属丝($d = 0.4$ mm)绕成的圆筒,依靠金属丝间的间隙阻留油液中的杂质,它也属于粗滤油器;当其安装在液压泵的进油口时,阻力损失约为 0.02 MPa,过滤精度为

0.08～0.1 mm；安装在回油低压管路上的线隙式滤油器阻力损失稍大于前者，约为0.07～0.35 MPa，过滤精度也较好，为0.03～0.05 mm，在实际选用过程中，要注意它的适用位置。这两种滤油器的优点是可以限定被清除杂质的颗粒度，滤芯可以清洗后重新使用，所以，它们被广泛用于液压系统的进油和回油粗过滤中，图6-2-1(c)所示为滤油器的图形符号。

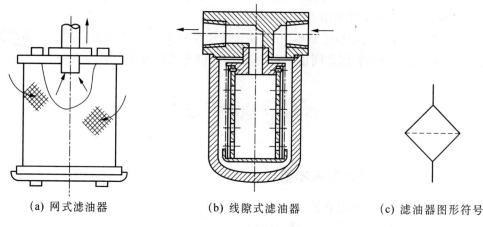

（a）网式滤油器　　　　　　（b）线隙式滤油器　　　　　（c）滤油器图形符号

图6-2-1　表面型滤油器

2. 深度型滤油器

在深度型滤油器中，油液要流经有复杂缝隙的路程达到过滤的目的。这种滤油器的滤芯材料可以是毛毡、人造丝纤维、不锈钢纤维、粉末冶金等，图6-2-2所示为烧结式滤油器，油液从滤油器左侧油口进入，经滤芯过滤后，从下部的油口流出，这种滤油器的优点是过滤精度高，可达0.01～0.06 mm，但阻力损失较大，一般为0.03～0.2 MPa，所以不能直接安装在液压泵的进油口，多安装在排油或回油路上。

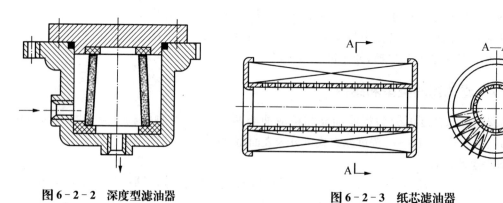

图6-2-2　深度型滤油器　　　　　　　　**图6-2-3　纸芯滤油器**

3. 中间型滤油器

中间型滤油器的过滤方式介于上述二者之间，如图6-2-3所示为采用有一定厚度（0.35～0.75 mm）的微孔滤纸制成的滤芯的纸质滤油器，它的过滤精度比较高，一般为10～20 μm，高精度的可达到1 μm左右。这种滤油器的过滤精度适用于一般的高压液压系统，它是当前在中高压液压系统中使用最为普遍的精滤油器，为了扩大过滤面积，纸滤芯做成 W 形,但当纸滤芯被杂质堵塞后不能清洗,要更换滤芯。由于这种滤油器阻力损失较大,一般在 0.08~0.35 MPa 之间,所以只能安装在排油管路或回油管路上,不能安装在液压泵的进油口。

6.2.3 滤油器的选用和安装

1. 滤油器的选用

选用滤油器时,要考虑下列几点:

(1) 过滤精度应满足预定要求。

(2) 能在较长时间内保持足够的通流能力。

(3) 滤芯具有足够的强度,不因液压的作用而损坏。

(4) 滤芯抗腐蚀性能好,能在规定的温度下持久地工作。

(5) 滤芯清洗或更换简便。

因此,滤油器应根据液压系统的技术要求,按过滤精度、通流能力、工作压力、油液粘度、工作温度等条件选定其型号。

2. 滤油器的安装

滤油器在液压系统中的安装位置通常有以下几种。

(1) 安装在泵的吸油口

泵的吸油路上一般都安装有表面型滤油器,目的是滤去较大的杂质微粒以保护液压泵,滤油器的过滤能力应为泵流量的 2 倍以上,压力损失小于 0.02 MPa。如图 6-2-4 中之 1 所示。

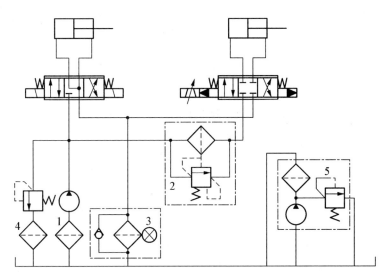

图 6-2-4 滤油器在液压系统中的安装位置

(2) 安装在泵的出口油路上

此处安装滤油器的目的是用来滤除可能侵入阀类等元件的污染物。其过滤精度应为 10~15 μm,且能承受油路上的工作压力和冲击压力,压力降应小于 0.35 MPa,同时应安装安全阀以防滤油器堵塞。如图 6-2-4 中之 2 所示。

（3）安装在系统的回油路上

这种安装起间接过滤作用。一般与过滤器并连安装一背压阀，当过滤器堵塞达到一定压力值时，背压阀打开。如图6-2-4中之3所示。

（4）安装在系统分支油路上

当液压泵的流量较大时，若采用上述各种方式过滤，滤油器结构可能很大。为此可在只有液压泵流量20%～30%的支路上安装一小规格滤油器。如图6-2-4中之4所示。

（5）单独过滤系统

大型液压系统可专设一液压泵和滤油器组成独立过滤回路。如图6-2-4中之5所示，通过不断循环，提高油液清洁度。

液压系统中除了整个系统所需的滤油器外，还常常在一些重要元件（如伺服阀、精密节流阀等）的前面单独安装一个专用的精滤油器以确保它们的正常工作。

6.3　油　箱

6.3.1　油箱的功用和结构

油箱的功用是储存油液、使渗入油液中的空气逸出，沉淀油液中的污物和散热。

油箱分总体式和分离式两种。总体式是利用机器设备机身内腔作为油箱，结构紧凑，各处漏油易于回收，但维修不便，散热条件不好。分离式是设置一个单独油箱，与主机分开，减少了油箱发热和液压源振动对工作精度的影响，因此得到了广泛的应用，特别是在精密机器上。

油箱的典型结构如图6-3-1所示。由图可见，油箱内部用隔板7、9将吸油管1与回油管4隔开。顶部、侧部和底部分别装有滤油网2、油位计6和排放污油的放油阀8。安装液压泵及其驱动电机的安装板5则固定在油箱顶面上。

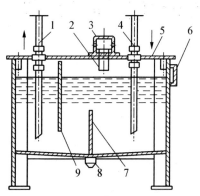

1—吸油管；2—滤油网；3—盖；4—回油管；
5—上盖；6—油位计；7,9—隔板；8—放油阀

图6-3-1　油箱简图

此外，近年来又出现了充气式的闭式油箱，它不同于图6-3-1所示开式油箱之处，在于油箱是整个封闭的，顶部有一充气管，可送入0.05～0.07 MPa过滤纯净的压缩空气。空气或者直接与油液接触，或者被输入到蓄能器式的皮囊内不与油液接触。这种油箱的优点是改善了液压泵的吸油条件，但它要求系统中的回油管、泄油管承受背压。油箱本身还须配置安全阀、电接点压力表等元件以稳定充气压力，因此，它只在特殊场合下使用。

6.3.2　设计时的注意事项

1. 油箱要有足够的强度和刚度

油箱一般用2.5～4 mm的钢板焊接而成，尺寸大者要加焊加强筋。油箱上盖板若安装

电动机传动装置、液压泵和其他液压元件时,盖板不仅要适当加厚,而且还要采取措施局部加强。

2. 油箱要有足够的有效容积

油箱的有效容积(油面高度为油箱高度80%时的容积)应根据液压系统发热、散热平衡的原则来计算,这项计算在系统负载较大、长期连续工作时是必不可少的。但对于一般情况来说,油箱的有效容积可以按液压泵的额定流量 q_n 估计即可,一般低压系统油箱的有效容积为液压泵每分钟排油量的2～4倍即可,中压系统为5～7倍,高压系统为10～12倍。

3. 吸油管和回油管应尽量相距远些

两管之间要用隔板隔开,以增加油液循环距离,使油液有足够的时间分离气泡,沉淀杂质,消散热量。隔板高度最好为箱内油面高度的3/4。吸油管入口处要装粗滤油器。精滤油器与回油管管端在油面最低时仍应没在油中,防止吸油时卷吸空气或回油冲入油箱时搅动油面而混入气泡。回油管管端宜斜切45°,以增大出油口截面积,减慢出口处油流速度,此外,应使回油管斜切口面对箱壁,以利油液散热。管端与箱底、箱壁间距离均不宜小于管径的3倍,滤油器距箱底不应小于20 mm,泄油管管端亦可斜切并面壁,但不可没入油中。

4. 防止油液污染

为了防止油液污染,油箱上各盖板、管口处都要妥善密封。注油器上要加滤油网。防止油箱出现负压而设置的通气孔上须装空气滤清器。油箱内回油集中部分及清污口附近宜装设一些磁性块,以去除油液中的铁屑和带磁性颗粒。

5. 易于散热和便于维护保养

箱底离地至少应在150 mm以上。箱底应适当倾斜,在最低部位处设置堵塞或放油阀,以便排放污油。箱体上注油口的近旁必须设置液位计。滤油器的安装位置应便于装拆。箱内各处应便于清洗。

6. 油箱中进行油温控制

油箱正常工作的温度应在15℃～65℃之间,在环境温度变化较大的场合,要安装热交换器,但必须考虑好它的安装位置以及测温、控制等措施。

7. 油箱内壁要加工

新油箱经喷丸、酸洗和表面清洗后,内壁可涂一层与工作液相容的塑料薄膜或耐油清漆。

6.4　油管和接头

6.4.1　油管

液压系统中使用的油管种类很多,有钢管、铜管、尼龙管、塑料管、橡胶管等,须按照安装位置、工作环境和工作压力来正确选用。油管的特点及其适用范围见表6-4-1。

表 6-4-1　　　　　　　　　液压系统中使用的油管

种　类		特点和适用场合
硬管	钢　管	能承受高压,价格低廉,耐油,抗腐蚀,刚性好,但装配时不能任意弯曲,常在装拆方便处用作压力管道。中、高压用无缝管,低压用焊接钢管
	紫铜管	易弯曲成各种形状,但承压能力一般为 6.5～10 MPa,抗振能力较弱,又易使油液氧化,通常用在液压装置内配接不便之处
软管	尼龙管	乳白色半透明,加热后可以随意弯曲成形或扩口,冷却后又能定形不变,承压能力因材质而异,一般为 2.5～8 MPa
	塑料管	质轻耐油,价格便宜,装配方便,但承压能力低,长期使用会变质老化,只宜用作压力低于 0.5 MPa 的回油管、泄油管等
	橡胶管	高压管由耐油橡胶夹几层钢丝编织网制成,钢丝网层数越多,耐压越高,价昂,用作中、高压系统中两个相对运动件之间的压力管道,低压管由耐油橡胶夹帆布制成,可用作回油管道

油管的规格尺寸(管道内径和壁厚)可由式(6-1)、式(6-2)算出 d、δ 后,再查阅有关的标准选定:

$$d = 2\sqrt{\frac{q}{\pi v}} \qquad\qquad (6-1)$$

$$\delta \geqslant \frac{pd}{2[\sigma]} \qquad\qquad (6-2)$$

式中　d——油管内径;

　　　q——管内流量;

　　　v——管中油液的流速;

　　　p——油管内压力;

　　　$[\sigma]$——材料的许用应力。

油管的管径不宜选得过大,以免使液压装置的结构庞大;但也不能选得过小,以免使管内液体流速加大,系统压力损失增加或产生振动和噪声,影响正常工作。

在保证强度的情况下,管壁可尽量选得薄些。薄壁易于弯曲,规格较多,装接较易,采用它,可减少管系接头数目,有助于解决系统泄漏问题。

6.4.2　接头

管接头是油管与油管、油管与液压件之间的可拆式连接件,它必须具有装拆方便、连接牢固、密封可靠、外形尺寸小、通流能力大、压降小、工艺性好等各项条件。管路旋入端用的连接螺纹采用国家标准米制锥螺纹(ZM)和普通细牙螺纹(M)。管接头的种类很多,常用的管接头有以下几种。

1. 焊接式管接头

如图 6-4-1(a)和(b)所示。螺母 3 套在接管 2 上,把油管端部焊上接管 2,旋转螺母 3 将接管与接头体 1 连接在一起。在图(a)中接管与接头体接合处采用球面密封;在图(b)中,接管与接头体接合处采用 O 型圈密封。前者有自位性,安装时不很严格,但密封可靠性较差,适用于工作压力在 8 MPa 以下的系统。后者相反,可用于工作压力在 31.5 MPa 的系统。

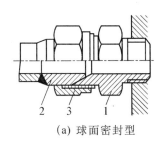

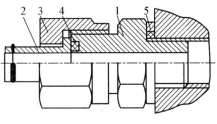

(a) 球面密封型   (b) O 型圈密封式

1—接头体;2—接管;3—螺母;4—O 型密封圈;5—组合密封圈

图 6-4-1　焊接式管接头

2. 卡套式管接头

如图 6-4-2 所示。卡套式管接头利用卡套 2 的变形卡住油管 1 进行密封,轴向尺寸要求不严,装拆简便,不必事先焊接或扩口,但对油管的径向尺寸精度要求较高,一般用精度较高的冷拔钢管作油管。

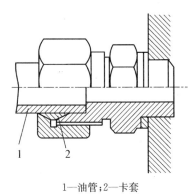

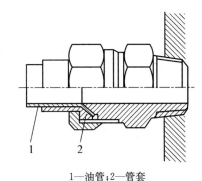

1—油管;2—卡套   1—油管;2—管套

图 6-4-2　卡套式管接头   **图 6-4-3　扩口式管接头**

3. 扩口式管接头

如图 6-4-3 所示。扩口式管接头适用于铜管和薄壁钢管,也可以用来连接尼龙管和塑料管。这种管接头用油管 1 管端的扩口在管套 2 的紧压下进行密封,其结构简单,适用于低压系统。

4. 橡胶软管接头

橡胶软管接头有可拆式和扣压式两种,各有 A、B、C 三种形式分别与焊接式、卡套式和扩口式管接头连接使用。图 6-4-4 所示为扣压式管接头,装配时,剥去胶管一端外层胶,将外套套装在胶管上再将接头体拧入,然后在专门设备上挤压收缩,使外套变形后紧紧地与橡胶管和接头连成一体。随管径不同该管接头可用于工作压力为 6～40 MPa 的系统。

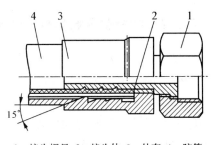

1—接头螺母;2—接头体;3—外套;4—胶管

图 6-4-4　扣压式橡胶软管接头

5. 快速管接头

图 6-4-5 所示为一种快速管接头。它能快速装拆,无需工具,适用于经常接通或断开处。图示是油路接通的工作位置。当需要断开油路时,可用力将外套 6 向左移,钢球 8(有 6~12颗)从槽中滑出,拉出接头体 10,同时单向阀阀芯 4 和 11 分别在弹簧 3 和 12 作用下封闭阀口,油路断开。此种管接头结构复杂,压力损失大。

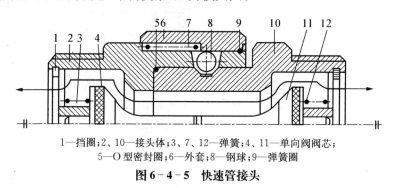

1—挡圈;2、10—接头体;3、7、12—弹簧;4、11—单向阀阀芯;
5—O 型密封圈;6—外套;8—钢球;9—弹簧圈

图 6-4-5 快速管接头

6.5 密封装置

密封是解决液压系统泄漏问题最重要、最有效的手段。液压系统如果密封不良,可能出现不允许的外泄漏,外漏的油液将会污染环境,还可能使空气进入吸油腔,影响液压泵的工作性能和液压执行元件运动的平稳性(爬行);泄漏严重时,系统容积效率过低,甚至工作压力达不到要求值。若密封过度,虽可防止泄漏,但会造成密封部分的剧烈磨损,缩短密封件的使用寿命,增大液压元件内的运动摩擦阻力,降低系统的机械效率。因此,合理地选用和设计密封装置在液压系统的设计中是十分重要的。

6.5.1 对密封装置的要求

(1) 在工作压力和一定的温度范围内,应具有良好的密封性能,并随着压力的增加能自动提高密封性能。

(2) 密封装置和运动件之间的摩擦力要小,摩擦系数要稳定。

(3) 抗腐蚀能力强,不易老化,工作寿命长,耐磨性好,磨损后在一定程度上能自动补偿。

(4) 结构简单,使用、维护方便,价格低廉。

6.5.2 密封装置的类型和特点

密封按其工作原理来分可分为非接触式密封和接触式密封。前者主要指间隙密封,后者指密封件密封。

1. 间隙密封

间隙密封是靠相对运动件配合面之间的微小间隙来进行密封的,如图 6-5-1 所示。间隙密封常用于柱塞、活塞或阀的圆柱配合副中,一般在阀芯的外表面开

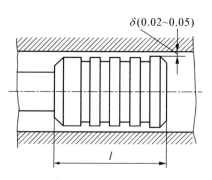

图 6-5-1 间隙密封

有几条等距离的均压槽,它的主要作用是使径向压力分布均匀,减少液压卡紧力,同时使阀芯在孔中对中性好,以减小间隙的方法来减少泄漏。同时,槽所形成的阻力,对减少泄漏也有一定的作用。均压槽一般宽 0.3~0.5 mm,深为 0.5~1.0 mm。圆柱面配合间隙与直径大小有关,对于阀芯与阀孔,一般取 0.005~0.017 mm。

这种密封的优点是摩擦力小,缺点是磨损后不能自动补偿,主要用于直径较小的圆柱面之间,如液压泵内的柱塞与缸体之间,滑阀的阀芯与阀孔之间的配合。

2. O 形密封圈

O 形密封圈一般用耐油橡胶制成,其横截面呈圆形,它具有良好的密封性能,内外侧和端面都能起密封作用,结构紧凑,运动件的摩擦阻力小,制造容易,装拆方便,成本低,且高低压均可以用,所以在液压系统中得到广泛的应用。

图 6-5-2 所示为 O 形密封圈的结构和工作情况。图 6-5-2(a) 为其外形圈;图 6-5-2(b) 所示为装入密封沟槽的情况,δ_1、δ_2 为 O 形圈装配后的预压缩量,通常用压缩率 W 表示,即 $W = [(d_0 - h)/d_0] \times 100\%$,对于固定密封、往复运动密封和回转运动密封,应分别达到 15%~20%、10%~20% 和 5%~10%,才能取得满意的密封效果。当油液工作压力超过 10 MPa 时,O 形圈在往复运动中容易被油液压力挤入间隙而提早损坏(图 6-5-2(c)),为此,要在它的侧面安放 1.2~1.5 mm 厚的聚四氟乙烯挡圈,单向受力时,在受力侧的对面安放一个挡圈(图 6-5-2(d));双向受力时,则在两侧各放一个挡圈(图 6-5-2(e))。

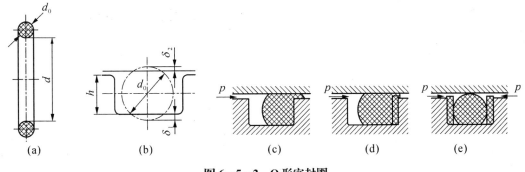

图 6-5-2 O 形密封圈

O 形密封圈的安装沟槽,除矩形外,也有 V 形、燕尾形、半圆形、三角形等,实际应用中,可查阅有关手册及国家标准。

3. 唇形密封圈

唇形密封圈根据截面的形状可分为 Y 形、V 形、U 形、L 形等。其工作原理如图 6-5-3 所示。液压力将密封圈的两唇边 h_1 压向形成间隙的两个零件的表面。这种密封作用的特点是能随着工作压力的变化自动调整密封性能,压力越高,则唇边被压得越紧,密封性越好;当压力降低时,唇边压紧程度也随之降低,从而减少了摩擦阻力和功率消耗,除此之外,还能自动补偿唇边的磨损,保持密封性能不降低。

目前,液压缸中普遍使用如图 6-5-4 所示的所谓小 Y 形密封圈作为活塞和活塞杆的密封。其中,图 6-5-4(a) 所示为轴用密封圈,图 6-5-4(b) 所示为孔用密封圈。这种小 Y 形密封圈的特点是断面宽度和高度的比值大,增加了底部支承宽度,其短边为密封边,与密封

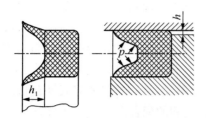

图 6-5-3 唇形密封圈的工作原理

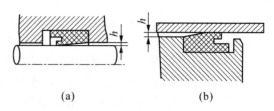

图 6-5-4 小 Y 形密封圈

面接触,滑动摩擦阻力小;长边与非滑动表面相接触,增加了压缩量,使摩擦阻力增大,工作时不易窜动。可以避免摩擦力造成的密封圈的翻转和扭曲。

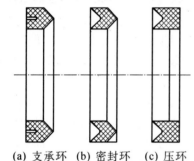

(a) 支承环 (b) 密封环 (c) 压环

图 6-5-5 V 形密封圈

在高压和超高压情况下(压力大于 25 MPa)V 形密封圈也有应用,V 形密封圈的形状如图 6-5-5 所示,它由多层涂胶织物压制而成,通常由压环、密封环和支承环三个圈叠在一起使用,此时已能保证良好的密封性,当压力更高时,可以增加中间密封环的数量,这种密封圈在安装时要预压紧,所以摩擦阻力较大。

唇形密封圈安装时应使其唇边开口面对压力油,使两唇张开,分别贴紧在机件的表面上。

4. 组合式密封装置

随着液压技术的应用日益广泛,系统对密封的要求越来越高,普通的密封圈单独使用已不能很好地满足密封性能,特别是使用寿命和可靠性方面的要求,因此,研究和开发了由包括密封圈在内的两个以上元件组成的组合式密封装置。

图 6-5-6(a)所示为 O 形密封圈与截面为矩形的聚四氟乙烯塑料滑环组成的组合密封装置。其中,滑环 2 紧贴密封面,O 形圈 1 为滑环提供弹性预压力,在介质压力等于零时构成密封,由于密封间隙靠滑环,而不是 O 形圈,因此摩擦阻力小而且稳定,可以用于 40 MPa 的高压;往复运动密封时,速度可达 15 m/s;往复摆动与螺旋运动密封时,速度可达 5 m/s。矩形滑环组合密封的缺点是抗侧倾能力稍差,在高低压交变的场合下工作容易漏油。图 6-5-6(b)所示为由支持环 3 和 O 形圈 1 组成的轴用组合密封,由于支持环与被密封件之间为线密封,其工作原理类似唇边密封。支持环采用一种经特别处理的化合物,具有极佳的耐磨性、低摩擦和保形性,不存在橡胶密封低速时易产生的"爬行"现象。工作压力可达 80 MPa。

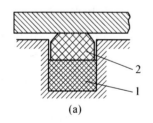

(a)   (b)

1—O 形圈;2—滑环;3—支持环

图 6-5-6 组合式密封装置

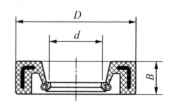

图 6-5-7 回转轴用密封圈

组合式密封装置由于充分发挥了橡胶密封圈和滑环（支持环）的长处，因此不仅工作可靠，摩擦力低而稳定，而且使用寿命比普通橡胶密封提高近百倍，在工程上的应用日益广泛。

5. 回转轴的密封装置

回转轴的密封装置型式很多，图 6-5-7 所示是一种耐油橡胶制成的回转轴用密封圈，它的内部有直角形圆环铁骨架支撑着，密封圈的内边围着一条螺旋弹簧，把内边收紧在轴上进行密封。这种密封圈主要用作液压泵、液压马达和回转式液压缸的伸出轴的密封，以防止油液漏到壳体外部，它的工作压力一般不超过 0.1 MPa，最大允许线速度为 4～8 m/s，须在有润滑情况下工作。

小　　结

液压系统中的辅助装置使用得合理与否对系统的动态性能、工作稳定性、工作寿命、噪声和温升等都有直接影响；本章就蓄能器的工作原理与应用、滤油器的工作原理与应用以及密封装置的密封机理与应用等进行了系统分析，为辅助装置的选用打下了基础；同时，对油箱的结构设计做了介绍，使读者对油箱的设计有了系统的认识。

习　　题

1. 滤油器一般应安装在什么位置？起什么作用？
2. 油箱的功用是什么？设计油箱时，应注意哪些问题？
3. 蓄能器有哪些功用？安装和使用蓄能器应注意哪些事项？
4. 管接头有几种？各用在什么场合？
5. 液压缸为什么要密封？哪些部位需要密封？常见的密封方式有哪几种？

7

液压基本回路

现代设备中的液压系统,不论如何复杂,总是由一些能完成一定功能的常用基本回路组成。所谓基本回路,就是由相关元件组成的用来完成特定功能的典型管路结构,它是液压与气压传动系统的基本组成单元。基本回路种类很多,按功用可分为方向控制回路、压力控制回路、速度控制回路和多缸工作控制回路四类回路。本章将介绍一些常用的液压传动基本回路。

【本章学习目标】

　　1. 掌握液压基本回路的组成、类型和特点;

　　2. 掌握液压基本回路的工作原理、功能,以及回路中各元件的作用及相互关系;

　　3. 了解液压基本回路在实际液压系统中的应用,能正确组合较简单的液压基本回路。

7.1 方向控制回路

　　方向控制回路是利用各种方向控制阀来控制液压系统各油路中液流的通、断和流动方向的回路。在液压系统中用于实现执行元件的启动、停止以及改变运动方向。常用的方向控制回路包括换向回路和锁紧回路等。

7.1.1 换向回路

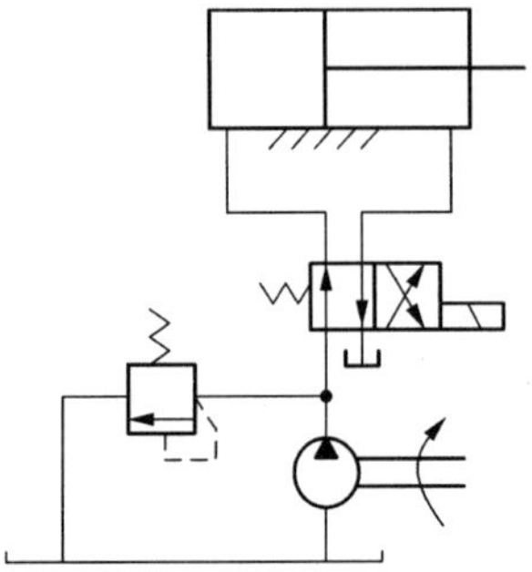

图 7-1-1 换向回路

　　换向回路的作用是改变执行元件的运动方向。对换向回路的基本要求是:换向可靠、灵敏平稳和精度合适。液压系统中执行元件运动方向的变换一般由换向阀实现。这一过程是通过换向阀的阀芯与阀体之间位置变换来实现的,因此,选用不同换向阀组成的换向回路,其换向性能也不同。

　　图 7-1-1 所示为采用二位四通电磁换向阀的换向回路。电磁铁通电时,阀芯左移,右位接通,压力油进入液压缸右腔,左腔油液经换向阀流回油箱,活塞杆向左移动;电磁铁断电时,弹簧力

使阀芯右移复位,压力油进入液压缸左腔,右腔油液经换向阀流回油箱,活塞杆向右移动。

根据执行元件换向的要求,可采用二位(或三位)四通或五通换向阀,控制方式可以是手动、机动、电磁、直接压力和间接压力(先导)等。

7.1.2 锁紧回路

锁紧回路是使液压缸能在任意位置上停留且停留后不会在外力作用下移动位置的回路。常用的锁紧回路有以下几种。

1. 采用换向阀为 O 型或 M 型中位机能的锁紧回路

图 7-1-2(a)所示为采用三位四通换向阀为 O 型机能的锁紧回路。当两电磁铁均断电时,弹簧使阀芯处于中间位置,液压缸的两工作油口被封闭。由于液压缸两腔都充满油液,而油液又是不可压缩的,所以向左或向右的外力均不能使活塞移动,活塞被双向锁紧。图 7-1-2(b)所示为采用三位四通换向阀中位机能为 M 型的闭锁回路,具有相同的锁紧功能。不同的是前者液压泵不卸荷,后者液压泵卸荷。这种锁紧回路结构简单,但由于换向阀多是滑阀结构,密封性能差,存在较大的泄漏,所以锁紧功能较差,只能用于锁紧时间短且要求不高的场合。

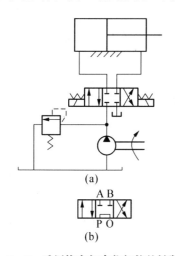

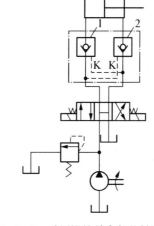

图 7-1-2　采用换向阀中位机能的锁紧回路　　　　图 7-1-3　采用液控单向阀的锁紧回路

2. 采用液控单向阀的锁紧回路

图 7-1-3 所示为采用液控单向阀的锁紧回路。如图所示阀芯处于中间位置时,液压泵卸荷,输出油液经换向阀回油箱,由于系统无压力,液控单向阀 1 和 2 关闭,液压缸左、右两腔的油液均不能流动,活塞被双向闭锁。由于液控单向阀多采用锥阀阀芯,有良好的密封性能,锁紧效果较好,活塞可以在行程的任何位置上长期缩紧,不会因外界原因而窜动。为了保证锁紧迅速、准确,换向阀应采用 H 型或 Y 型中位机能。图 7-1-3 所示回路常用于汽车起重机的支腿油路和飞机起落架的收放油路上。

7.2　压力控制回路

在液压系统中,利用压力控制元件对系统的整体或某一部分压力进行控制的回路称为压力控制回路。压力控制回路主要包括调压、减压、卸荷、增压、保压、平衡等多种回路。

7.2.1 调压回路

根据系统负载的大小来调节系统工作压力的回路叫调压回路。调压回路主要由溢流阀实现这一功能。

当液压系统工作时,液压泵应向系统提供所需压力的液压油,所以应设置调压回路。当系统采用定量泵供油时,液压泵的工作压力可以通过溢流阀来调节;当液压系统采用变量泵供油时,液压泵的工作压力主要取决于负载,用安全阀来限定系统的最高工作压力,以防止系统过载;当系统在不同的工作时间内需要有不同的工作压力时,可采用二级或多级调压回路。

1. 单级调压回路

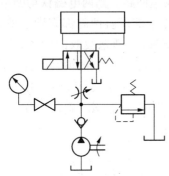

图7-2-1 单级调压回路

图7-2-1所示为单级调压回路。在液压泵出口处并联一个溢流阀来调定系统的压力。在液压泵出口处并联设置的溢流阀,可以控制液压系统的最高压力值。必须指出,为了使系统压力近于恒定,液压泵输出油液的流量除满足系统工作用油量和补偿系统泄漏外,还必须保证有油液经溢流阀流回油箱。这时,溢流阀处于常开状态,泵的出口压力始终等于溢流阀的调定压力。溢流阀的调定压力必须大于液压缸最大工作压力和油路上各种压力损失之和。

2. 二级调压回路

图7-2-2所示为二级调压回路,先导型溢流阀2的远程控制口接一个二位二通电磁换向阀3,其后接远程调压阀4,可实现两种不同的系统压力控制。由先导型溢流阀2和直动式溢流阀4各调一级。当二位二通电磁换向阀3处于图示位置,系统压力由溢流阀2调定;当阀3得电后处于右位时,系统压力由阀4调定。但要注意:阀4的调定压力一定要小于阀2的调定压力,否则不能实现。应当指出,若将阀3与阀4对换位置,则仍可进行二级调压,并且在二级压力转换点上获得比图示回路更为稳定的压力转换。

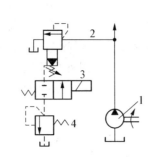

1—液压泵;2—先导型溢流阀;
3—二位二通电磁换向阀;4—远程调压阀

图7-2-2 二级调压回路

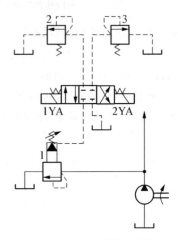

图7-2-3 多级调压回路

3. 多级调压回路

图 7-2-3 所示由溢流阀 1、2、3 分别控制系统压力,从而组成三级压力调压回路。当两电磁铁均不带电时,系统压力由阀 1 调定;当 1YA 得电时,由阀 2 调定系统压力;当 2YA 得电时,系统压力由阀 3 调定。在这种回路中,阀 2 和阀 3 的调定压力要小于阀 1 的调定压力,而阀 2 和阀 3 的调定压力之间没有什么一定的关系。

当阀 2 或阀 3 工作时,阀 2 或阀 3 相当于阀 1 上的一个先导阀。

7.2.2 减压回路

在一个泵的液压系统中,当某个执行元件或某个支路所需的工作压力低于溢流阀所调定的主系统压力时,这时就要采用减压回路,如机床液压系统中的定位、夹紧、回路分度以及液压元件的控制油路等,它们往往要求比主油路较低的压力。减压回路较为简单,一般是在所需低压的支路上串接减压阀。采用减压回路虽能方便地获得某支路稳定的低压,但压力油经减压阀口时要产生压力损失,这是它的缺点。

最常见的减压回路为通过定值减压阀与分支油路相连,如图 7-2-4(a)所示。回路中的单向阀为主油路压力降低(低于减压阀调整压力)时防止油液倒流,起短时保压作用,减压回路中也可以采用类似两级或多级调压的方法获得两级或多级减压。图 7-2-4(b)所示为利用先导型减压阀 1 的远控口接一远控溢流阀 2,则可由阀 1、阀 2 各调得一种低压。但要注意,阀 2 的调定压力值一定要低于阀 1 的调定减压值。

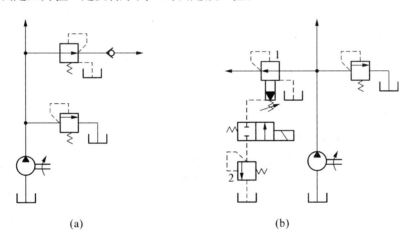

(a)   (b)

图 7-2-4 减压回路

为了使减压回路工作可靠,减压阀的最低调整压力不应小于 0.5 MPa,最高调整压力至少应比系统压力小 0.5 MPa。当减压回路中的执行元件需要调速时,调速元件应放在减压阀的后面,以避免减压阀泄漏(指由减压阀泄油口流回油箱的油液)对执行元件的速度产生影响。

7.2.3 增压回路

如果系统的某一支油路需要压力较高但流量又不大的压力油,而采用高压泵又不经济时,常采用增压回路。采用了增压回路,可以用较低压力的液压泵来获得较高的工作压力,以节省能源的消耗。增压回路中提高压力的主要元件是增压缸(又称增压器)。

1. 单作用增压缸的增压回路

图7－2－5(a)所示为利用增压缸的单作用增压回路,当系统在图示位置工作时,系统的供油压力 p_1 进入增压缸的大活塞腔,此时在小活塞腔即可得到所需的较高压力 p_2;当二位四通电磁换向阀右位接入系统时,增压缸返回,辅助油箱中的油液经单向阀补入小活塞。该回路只能间断地增压,所以称之为单作用增压回路。它适用于单向作用力大、行程小、作用时间短的场合,如制动器、离合器等。

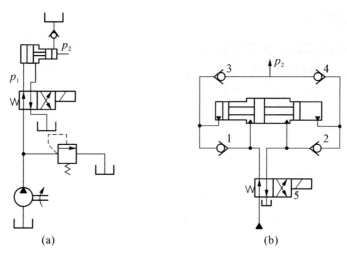

图7－2－5　增压回路

2. 双作用增压缸的增压回路

图7－2－5(b)所示的采用双作用增压缸的增压回路,能连续输出高压油,在图示位置,液压泵输出的压力油经换向阀5和单向阀1进入增压缸左端大、小活塞腔,右端大活塞腔的回油通油箱,右端小活塞腔增压后的高压油经单向阀4输出,此时单向阀2、3被关闭。当增压缸活塞移到右端时,换向阀得电换向,增压缸活塞向左移动。同理,左端小活塞腔输出的高压油经单向阀3输出,这样,增压缸的活塞不断往复运动,两端便交替输出高压油,从而实现了连续增压。它更适用于增压行程要求较长的场合。

7.2.4　卸荷回路

在液压系统中,有时执行元件短时间停止工作(如测量工件或装卸工件),不需要液压泵输出油液,于是,液压泵输出的压力油全部从溢流阀流回油箱,造成能量的消耗,引起油液发热,使油液加快变质,而且还影响液压系统的性能及泵的寿命;若采用使泵停止向系统供油,则会因频繁启动电机而会降低液压泵和电动机的寿命。为此,需要采用卸荷回路。

卸荷回路的功用是指在驱动液压泵的电机不频繁启闭的情况下,使液压泵的功率输出接近于零,以减少功率损耗,降低系统发热,延长泵和电动机的寿命。因为液压泵的输出功率为其流量和压力的乘积,只要二者任一近似为零,功率损耗即近似为零。因此,液压泵的卸荷有流量卸荷和压力卸荷两种,前者主要是使用变量泵,使变量泵仅为补偿泄漏而以最小流量运转,此方法比较简单,但泵仍处在高压状态下运行,磨损比较严重;压力卸荷的方法是使泵在接近零压下运转。常见的压力卸荷方式有以下几种。

1. 换向阀卸荷回路

图 7-2-6 所示是利用二位二通电磁阀的卸荷回路。当系统工作时,二位二通电磁阀通电,切断液压泵出口与油箱之间的通道,泵输出的压力油进入系统。当工作部件停止运动时,二位二通电磁阀断电,泵输出的油液经二位二通阀直接流回油箱,液压泵卸荷。应用这种卸荷回路,二位二通换向阀的流量规格应能流过液压泵的最大流量。图 7-2-7 所示为采用 M 型中位机能的电液换向阀的卸荷回路,这种回路切换时压力冲击小,但回路中必须设置单向阀,以使系统能保持 0.3 MPa 左右的压力,供操纵控制油路之用。此外,H 型和 K 型中位机能的三位换向阀处于中位时,也可实现液压泵卸荷。

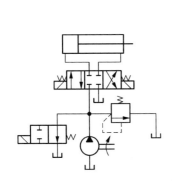　　　　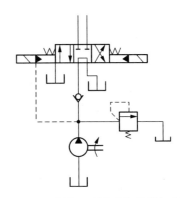

图 7-2-6　采用二位二通换向阀的卸荷回路　　　图 7-2-7　采用 M 型中位机能的卸荷回路

2. 利用先导型溢流阀组成的卸荷回路

图 7-2-8 所示是利用二位二通电磁阀与先导型溢流阀构成的卸荷回路。二位二通电磁阀通过管路和先导型溢流阀的远程控制口相连接,当工作部件停止运动时,二位二通阀的电磁铁 3YA 断电,使远程控制口接通油箱,此时,溢流阀主阀芯的阀口全开,液压泵输出的油液以很低的压力经溢流阀流回油箱,液压泵卸荷。这种卸荷回路便于远距离控制,同时,二位二通阀可选用小流量规格。这种卸荷方式要比直接用二位二通电磁阀的卸荷方式平稳些。

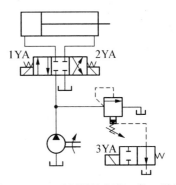

图 7-2-8　采用溢流阀和二位二通阀
组成的卸荷回路

7.2.5　保压回路

有的机械设备在工作过程中,常常要求液压执行机构在其行程终止时,保持压力一段时间,这时需采用保压回路。所谓保压回路,也就是使系统在液压缸不动或仅有工件变形所产生的微小位移下稳定地维持住压力。最简单的保压回路是使用密封性能较好的液控单向阀的回路,但是,阀类元件处的泄漏使得这种回路的保压时间不能维持太久。常用的保压回路有以下几种。

1. 利用蓄能器的保压回路

如图 7-2-9(a)所示的回路,当主换向阀在左位工作时,液压缸向前运动且压紧工件,进油路压力升高至调定值,压力继电器动作使二通阀通电,泵即卸荷,单向阀自动关闭,液压缸则由蓄能器保压。缸压不足时,压力继电器复位使泵重新工作。保压时间的长短取决于蓄能器容量,调节压力继电器的工作区间即可调节缸中压力的最大值和最小值。图7-2-9(b)所示为多缸系统中的保压回路,这种回路当主油路压力降低时,单向阀3关闭,支路由蓄能器保压补偿泄漏,压力继电器5的作用是当支路压力达到预定值时发出信号,使主油路开始动作。

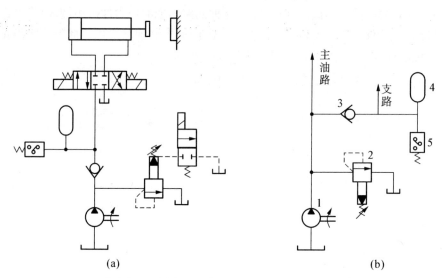

1—液压泵;2—溢流阀;3—单向阀;4—蓄能器;5—压力继电器

图7-2-9 利用蓄能器的保压回路

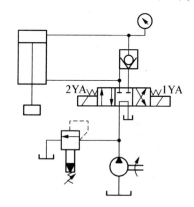

图7-2-10 自动补油的保压回路

2. 自动补油保压回路

图7-2-10所示的回路为采用液控单向阀和电接触式压力表的自动补油式保压回路,其工作原理为:当1YA得电,换向阀右位接入回路,液压缸上腔压力上升,当上升至电接触式压力表的上限值时,上触点接电,使电磁铁1YA失电,换向阀处于中位,液压泵卸荷,液压缸由液控单向阀保压。当液压缸上腔压力下降到预定下限值时,电接触式压力表又发出信号,使1YA得电,液压泵再次向系统供油,使压力上升。当压力达到上限值时,上触点又发出信号,使1YA失电。因此,这一回路能自动地使液压缸补充压力油,使其压力能长期保持在一定范围内。

7.2.6 平衡回路

平衡回路的功用在于防止垂直或倾斜放置的液压缸和与之相连的工作部件因自重而自行下落。

1. 采用单向顺序阀的平衡回路

图7-2-11(a)所示为采用单向顺序阀的平衡回路,当1YA得电活塞下行时,回油路上就存在着一定的背压;只要将这个背压调得能支承住活塞和与之相连的工作部件自重,活塞就可以平稳地下落。当换向阀处于中位时,活塞就停止运动,不再继续下移。这种回路当活

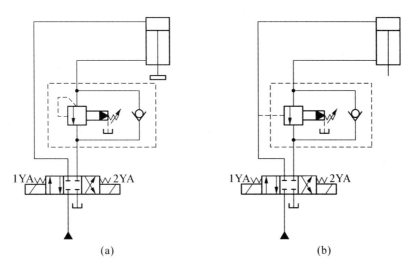

(a)   (b)

图 7 - 2 - 11 采用顺序阀的平衡回路

塞向下快速运动时功率损失大,锁住时活塞和与之相连的工作部件会因单向顺序阀和换向阀的泄漏而缓慢下落,因此它只适用于工作部件重量不大、活塞锁住时定位要求不高的场合。

2. 采用液控顺序阀的平衡回路

图 7 - 2 - 11(b)所示为采用液控顺序阀的平衡回路,当活塞下行时,控制压力油打开液控顺序阀,背压消失,因而回路效率较高;当停止工作时,液控顺序阀关闭以防止活塞和工作部件因自重而下降。这种平衡回路的优点是只有上腔进油时活塞才下行,比较安全可靠;缺点是,活塞下行时平稳性较差。这是因为活塞下行时,液压缸上腔油压降低,将使液控顺序阀关闭。当顺序阀关闭时,因活塞停止下行,使液压缸上腔油压升高,又打开液控顺序阀。因此,液控顺序阀始终工作于启闭的过渡状态,因而影响工作的平稳性。

7.3 速度控制回路

速度控制回路就是用来控制执行元件运动速度的回路。速度控制回路包括调节执行元件工作行程速度的调速回路、使执行元件的空行程实现快速运动的快速运动回路和使不同速度相互转换的速度换接回路。

7.3.1 调速原理及分类

从液压马达的工作原理可知,液压马达的转速 n 由输入流量和液压马达的排量 V_M 决定,它们之间的关系为

$$n = \frac{q}{V_M}$$

而液压缸的运动速度 v 由输入流量和液压缸的有效作用面积 A 决定,它们之间的关系为

$$v = \frac{q}{A}$$

通过上面的关系可以知道,要想调节液压马达的转速 n 或液压缸的运动速度 v,可通过改变输入流量 q、改变液压马达的排量 V_M 和改变缸的有效作用面积 A 等方法来实现。对于液压缸来说,有效面积 A 是定值,一般只有改变流量 q 的大小来调速。对于液压马达来说,既可用改变输入流量 q 的办法来调速,也可用改变马达排量 V_M 的办法来调速。因此,调速回路主要有以下三种方式:

(1)节流调速回路　由定量泵供油,用流量控制阀调节进入或流出执行机构的流量来实现调速;

(2)容积调速回路　用调节变量泵或变量马达的排量来调速;

(3)容积节流调速回路　用限压变量泵供油,由流量控制阀调节进入执行机构的流量,并使变量泵的流量与流量控制阀的调节流量相适应来实现调速。

此外,还可采用几个定量泵并联,按不同速度需要,启动一个泵或几个泵供油实现分级调速。

1. 节流调速回路

节流调速回路的工作原理是通过改变回路中流量控制元件(节流阀和调速阀)通流截面积的大小来控制流入执行元件或自执行元件流出的流量,以调节其运动速度。根据流量控制阀在回路中的位置不同,分为进油节流调速、回油节流调速和旁路节流调速三种回路。前两种调速回路称为定压式节流调速回路,后一种回路由于其供油压力随负载的变化而变化,又称为变压式节流调速回路。

(1)进油节流调速回路

如图 7-3-1 所示,节流阀串联在液压泵和液压缸之间。液压泵输出的油液一部分经节流阀进入液压缸工作腔,推动活塞运动,液压泵多余的油液经溢流阀排回油箱,这是这种调速回路能够正常工作的必要条件。由于溢流阀有溢流,泵的出口压力 p_p 就是溢流阀的调整压力并基本保持恒定。调节节流阀的通流面积,即可调节通过节流阀的流量,从而调节液压缸的运动速度。这种回路的调速范围较大,当 A_T 调定后,速度随负载的增大而减小,故负载特性软。适用于低速轻载场合。

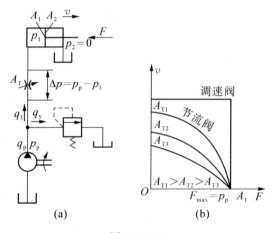

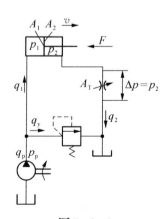

图 7-3-1　　　　　　　　　　　　　　　　图 7-3-2

（2）回油节流调速回路

如图 7-3-2 所示把节流阀串联在液压缸的回油路上，借助于节流阀控制液压缸的排油量 q_2 来实现速度调节。由于进入液压缸的流量 q_1 受到回油路上排出流量 q_2 的限制。因此，用节流阀来调节液压缸的排量 q_2，也就调节了进油量 q_1，定量泵多余的油液仍经溢流阀流回油箱，溢流阀调整压力基本稳定不变。

进油路节流调速回路与回油路节流调速回路有许多相同之处。但是它们也有以下不同之处：

① 承受负值负载的能力　回油节流调速回路的节流阀使液压缸回油腔形成一定的背压，在负值负载时，背压能阻止工作部件的前冲，而进油节流调速由于回油腔没有背压力，因而不能在负值负载下工作。

② 停车后的启动性能　长期停车后液压缸油腔内的油液会流回油箱，当液压泵重新向液压缸供油时，在回油节流调速回路中，由于进油路上没有节流阀控制流量，会使活塞前冲；而在进油节流调速回路中，由于进油路上有节流阀控制流量，故活塞前冲很小，甚至没有前冲。

③ 实现压力控制的方便性　进油节流调速回路中，进油腔的压力将随负载而变化，当工作部件碰到止挡块而停止后，其压力将升到溢流阀的调定压力，利用这一压力变化来实现压力控制是很方便的；但在回油节流调速回路中，只有回油腔的压力才会随负载而变化，当工作部件碰到止挡块后，其压力将降至零，虽然也可以利用这一压力变化来实现压力控制，但其可靠性差，一般均不采用。

④ 发热及泄漏的影响　在进油节流调速回路中，经过节流阀发热后的液压油将直接进入液压缸的进油腔；而在回油节流调速回路中，经过节流阀发热后的液压油将直接流回油箱冷却。因此，发热和泄漏对进油节流调速的影响均大于对回油节流调速的影响。

⑤ 运动平稳性　在回油节流调速回路中，由于有背压力存在，它可以起到阻尼作用，同时，空气也不易渗入，而在进油节流调速回路中，则没有背压力存在，因此，可以认为回油节流调速回路的运动平稳性好一些。

为了提高回路的综合性能，一般常采用进油节流调速，并在回油路上加背压阀的回路，使其兼具二者的优点。

（3）旁路节流调速回路

将流量控制阀设置在与执行元件并联的旁油路上，即构成了旁路节流调速回路，图 7-3-3(a)所示为采用节流阀的旁路节流调速回路，节流阀调节了液压泵溢回油箱的流量 q_T，从而控制了进入液压缸的流量 q_1，调节节流阀的通流面积，即可实现调速，由于溢流已由节流阀承担，故溢流阀实际上是安全阀，常态时关闭，过载时打开，其调定压力为最大工作压力的 $1.1 \sim 1.2$ 倍，故液压泵工作过程中的压力完全取决于负载而不恒定，流量控制阀进、出油口的压差也等于液压缸进油腔的压力（流量控制阀出口压力可视为零）。

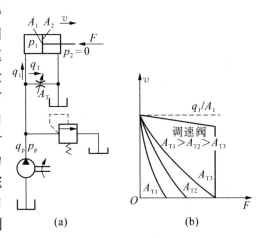

图 7-3-3　旁油路节流调速回路

（4）采用调速阀的节流调速回路

使用节流阀的节流调速回路,速度负载特性都比较"软",变载荷下的运动平稳性都比较差,为了克服这个缺点,回路中的节流阀可用调速阀来代替。采用调速阀的节流调速回路的低速稳定性、回路刚度、调速范围等,都要比采用节流阀的节流调速回路好,所以,它在机床液压系统中获得了广泛的应用。

2. 容积调速回路

通过改变变量泵或变量马达的排量来进行调速的回路称为容积调速回路。与节流调速回路相比,容积调速回路中既无溢流损失又无节流损失,因而系统发热少,效率较高,适用于高速、大功率系统。

按油路循环方式不同,容积调速回路有开式回路和闭式回路两种。开式回路中,液压泵从油箱吸油,执行机构的回油直接回到油箱,油箱容积大,油液能得到较充分冷却,但空气和脏物易进入回路。闭式回路中,液压泵将油输出进入执行机构的进油腔,又从执行机构的回油腔吸油。闭式回路结构紧凑,只需很小的补油箱,但冷却条件差。为了补偿工作中油液的泄漏,一般设补油泵,补油泵的流量为主泵流量的 $10\% \sim 15\%$。压力调节为 $0.3 \sim 1$ MPa。容积调速回路通常有以下三种基本形式:变量泵和定量液压执行元件组成的容积调速回路;定量泵和变量马达组成的容积调速回路;变量泵和变量马达组成的容积调速回路。

（1）变量泵和定量液压执行元件容积调速回路

这种调速回路可由变量泵与液压缸或变量泵与定量液压马达组成。其回路原理图如图 7-3-4 所示,图 7-3-4(a)所示为变量泵与液压缸所组成的开式容积调速回路;图 7-3-4(b)所示为变量泵与定量液压马达组成的闭式容积调速回路。

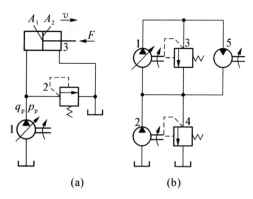

图 7-3-4 变量泵定量液压执行元件容积调速回路

其工作原理是:图 7-3-4(a)中活塞 3 的运动速度 v 由变量泵 1 调节,2 为安全阀。图 7-3-4(b)所示为采用变量泵 1 来调节液压马达 5 的转速,安全阀 3 用以防止过载,低压辅助泵 2 用以补油,其补油压力由低压溢流阀 4 来调节,它使主泵 1 进油口的油压为定值低压,以避免产生空穴并防止空气进入。

变量泵和定量液压执行元件所组成的容积调速回路为恒转矩（恒推力）输出。适用于调速范围较大、要求恒扭矩输出的场合,如磨床、拉床、插床、刨床的主运动以及车床、钻床、镗床的进给系统中。

（2）定量泵和变量马达容积调速回路

定量泵与变量马达容积调速回路如图 7-3-5(a)所示。2 为安全阀,4 为补油泵,5 为调节补油压力的低压溢流阀。定量泵 1 输出的流量不变,改变变量马达 3 的排量就可以改变液压马达的转速,实现无级调速。但变量马达的排量不能调得太小,若排量过小,使输出转矩太小而不能带动负载,并且排量很小时,转速很高,这时,液压马达换向容易发生事故,故该回路调速范围较小。

若不计系统损失,液压马达的输出转矩 $T_m = p_b V_m / 2\pi$,其中,p_b 由安全阀调定为定值。

因而在该调速回路中,液压马达能输出的转矩随马达排量的变化而变化。液压马达输出功率 $P_m = p_b q_b$,所以,回路的输出功率是不变的,故这种调速方法称为恒功率调速。该回路的调速特性曲线如图7-3-5(b)所示。

这种回路调速范围很小,且不能用来使马达实现平稳的换向。因为在换向的瞬间要经过"高转速—零转速—反向高转速"的突变过程,也就是马达的排量要经过"变小—为零—变大"的过程,输出转矩就要经历转速变高→输出转矩太小而不能带动负载转矩甚至不能克服摩擦转矩而使转速为零→反向高速的过程,调节很不方便,所以,这种回路目前已很少单独使用。

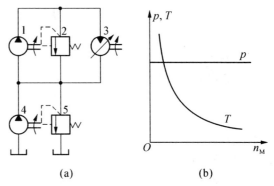

(a)　　　　　　(b)

1—主泵;2—安全阀;3—变量液压马达;
4—辅助泵;5—溢流阀

图7-3-5　定量泵变量马达容积调速回路

(3) 变量泵和变量马达的容积调速回路

图7-3-6(a)所示为采用双向变量泵和双向变量马达的容积调速回路。单向阀6和8用于使定量补油泵4能双向补油,而单向阀7和9使溢流阀3在两个方向都能起过载保护作用。

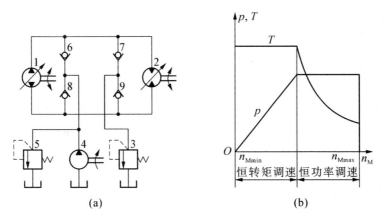

(a)　　　　　　(b)

1—双向变量泵;2—双向变量马达;3—安全阀;4—辅助泵;5—溢流阀;6,7,8,9—单向阀

图7-3-6　变量泵变量马达容积调速回路

这种调速回路实际上是上述两种调速回路的组合,其调速特性也具有二者之特点。由于泵和马达的排量均可改变,故增大了调速范围。一般执行元件都要求在启动时有低转速和大的输出转矩,而在正常工作时都希望有较高的转速和较小的输出转矩。因此,这种回路在使用中,先将液压马达的排量 V_M 调到最大,使马达能获得最大输出转矩,由小到大改变泵的排量 V_B,直到最大值,此时,液压马达转速随之升高,输出功率也线性增加,液压回路处于恒转矩输出状态;然后,保持泵的最大排量 V_B,由大到小改变马达的排量 V_M,则马达的转速继续升高,而其输出转矩却随之减小,马达的输出功率恒定不变,这时,液压回路处于恒功率工作状态。

该调速回路的特性曲线如图7-3-6(b)所示。其中低速段为恒转矩调速,是依靠改变变量泵的排量 V_B 来实现的;高速段为恒功率调速,是依靠改变变量马达的排量 V_M 来实现的。这种容积调速回路的调速范围是变量泵调节范围和变量马达调节范围之乘积,所以,其调速范围大,并且有较高的效率,它适用于大功率的场合,如矿山机械、起重机械以及大型机床的主运动液压系统。

3. 容积节流调速回路

容积节流调速回路采用压力补偿变量泵供油,用流量控制阀调节进入或流出液压缸的流量来控制其运动速度,并使变量泵的输出量自动地与液压缸所需流量相适应。这种调速回路没有溢流损失,效率较高,速度稳定性也比容积调速回路好,常用于速度范围大、功率不太大的场合,例如组合机床的进给系统等。

常用的容积节流调速回路有以下两种:限压式变量泵与调速阀的容积节流调速回路;差压式变量泵与节流阀的容积节流调速回路。

(1)限压式变量泵与调速阀的容积节流调速回路

图7-3-7所示为由限压式变量泵和调速阀组成的容积节流调速回路。该系统由限压式变量泵1供油,液压油经调速阀3进入液压缸工作腔。回油经背压阀4返回油箱,液压缸运动速度由调速阀中节流阀的通流面积 A_T 来控制,变量泵的输出流量为 q_p 与进入液压缸的流量 q_1 相适应。其原理是:在节流阀通流截面积 A_T 调定后,通过调速阀的流量 q_1 是恒定不变的。因此,当 $q_p > q_1$ 时,泵的出口压力上升,通过压力的反馈作用使限压式变量叶片泵的流量自动减小到 $q_p \approx q_1$;反之,当 $q_p < q_1$ 时,泵的出口压力下降,压力反馈作用又会使其流量自动增大到 $q_p \approx q_1$。可见,调速阀在这里的作用不仅使进入液压缸的流量保持恒定,而且还使泵的输出流量恒定并与液压缸流量相匹配。这样,泵的供油压力基本恒定不变(该调速回路也称定压式容积节流调速回路)。这种回路中的调速阀也可装在回油路上,它的承载能力、运动平稳性、速度刚性和调速范围都和与它对应的节流调速回路相同。

限压式变量泵与调速阀等组成的容积节流调速回路,具有效率较高、调速较稳定、结构较简单等优点。目前已广泛应用于负载变化不大的中、小功率组合机床的液压系统中。

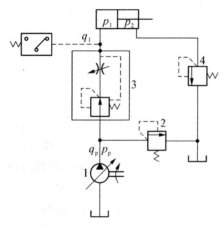

1—限压式变量泵;2—溢流阀;3—调速阀;4—背压阀

**图7-3-7 限压式变量泵和调速阀
的容积节流调速回路**

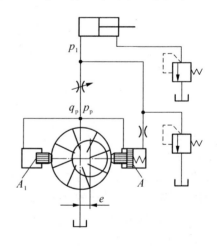

**图7-3-8 差压式变量泵和节流阀
的容积节流调速回路**

(2)差压式变量泵和节流阀的容积节流调速回路

图7-3-8所示为差压式变量泵和节流阀组成的容积节流调速回路,通过节流阀控制进

入液压油缸的流量 q_1，并使变量泵输出流量 q_p 自动与 q_1 相适应。

在这种调速回路中，作用在液压泵定子上的力平衡方程式为（变量机构右活塞杆的面积与左柱塞面积相等）

$$p_p A_1 + p_p(A - A_1) = p_1 A + F_s$$

即

$$p_p - p_1 = \frac{F_s}{A}$$

式中，F_s 为变量泵控制缸中的弹簧力。

由上式可知，节流阀前后压差 $\Delta p = p_p - p_1$ 基本上由作用在泵变量机构控制柱塞上的弹簧力来确定。由于弹簧在工作中伸缩量的变化很小，F_s 基本恒定，即 Δp 也近似为常数，所以，通过节流阀的流量仅与阀的开口大小有关，不会随负载而变化，这与调速阀的工作原理是相似的。因此，这种调速回路的性能和前述回路不相上下，它的调速范围仅受节流阀调节范围的限制。此外，该回路因能补偿由负载变化引起的泵的泄漏变化，因此，它在低速小流量的场合使用性能更好。在这种调速回路中，不但没有溢流损失，而且泵的供油压力随负载而变化，回路中的功率损失也只有节流阀处压降 Δp 所造成的节流损失一项，因而它的效率较前一种调速回路高，且发热少。其回路的效率为

$$\eta_c = \frac{p_1 q_1}{p_p q_p} = \frac{p_1}{p_1 + \Delta p}$$

由上式可知，只要适当控制 Δp（一般，$\Delta p \approx 0.3\ \mathrm{MPa}$），就可以获得较高的效率。故这种回路宜用于负载变化大，速度较低的中、小功率场合，如某些组合机床的进给系统。

4. 调速回路的比较和选用

（1）调速回路的比较（表 7 - 3 - 1）

表 7 - 3 - 1　　　　　　　　　　　　调速回路的比较

回路类主要性能		节流调速回路				容积调速回路	容积节流调速回路	
		用节流阀		用调速阀			限压式	稳流式
		进回油	旁路	进回油	旁路			
机械特性	速度稳定性	较差	差	好		较好	好	
	承载能力	较好	较差	好		较好	好	
调速范围		较大	小	较大		大	较大	
功率特性	效率	低	较高	低	较高	最高	较高	高
	发热	大	较小	大	较小	最小	较小	小
适用范围		小功率、轻载的中、低压系统				大功率、重载、高速的中、高压系统	中、小功率的中压系统	

（2）调速回路的选用

调速回路的选用主要考虑以下因素：

① 执行机构的负载性质、运动速度、速度稳定性等要求：负载小且工作中负载变化也小的系统可采用节流阀的节流调速回路；在工作中负载变化较大且要求低速稳定性好的系统，

宜采用调速阀的节流调速或容积节流调速;负载大、运动速度高、油的温升要求小的系统,宜采用容积调速回路。

一般来说,功率在3 kW以下的液压系统,宜采用节流调速;功率在3~5 kW范围内的液压系统宜采用容积节流调速;功率在5 kW以上的液压系统宜采用容积调速回路。

② 工作环境要求:处于温度较高的环境下工作,且要求整个液压装置体积小、重量轻的情况,宜采用闭式回路的容积调速。

③ 经济性要求:节流调速回路的成本低,功率损失大,效率也低;容积调速回路因变量泵、变量马达的结构较复杂,所以价钱高,但其效率高,功率损失小;而容积节流调速则介于二者之间。所以,应综合分析后再选用哪种回路。

7.3.2 快速运动回路

为了提高生产效率,机床工作部件常常要求实现空行程(或空载)的快速运动。以下介绍几种机床上常用的快速运动回路。

1. 液压缸差动连接快速运动回路

图7-3-9所示回路是利用二位三通换向阀实现的液压缸差动连接回路,在这种回路中,当阀1和阀3在左位工作时,液压缸差动连接作快进运动,当阀3通电,差动连接即被切除,液压缸回油经过调速阀,实现工进,阀1切换至右位后,缸快退。这种连接方式,可在不增加液压泵流量的情况下提高液压执行元件的运动速度。当然,采用差动连接的快速回路方法简单,较经济,但快、慢速度的换接不够平稳。必须注意,泵的流量和有杆腔排出的流量合在一起流过的阀和管路应按合成流量来选择,否则会使压力损失过大,泵的供油压力过大,致使泵的部分液压油从溢流阀溢回油箱而达不到差动快进的目的。

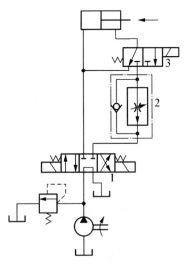

1—三位四通换向阀;2—单向调速阀;
3—二位三通换向阀

图7-3-9 液压缸差动连接快速运动回路

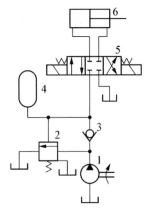

1—液压泵;2—顺序阀;3—单向阀;
4—蓄能器;5—换向阀;6—液压缸

图7-3-10 采用蓄能器的快速运动回路

2. 采用蓄能器的快速运动回路

对于间歇运转的液压机械,当执行元件间歇或低速运动时,泵就向蓄能器充油。而在工作循环中的某一工作阶段执行元件需要快速运动时,蓄能器作为泵的辅助动力源,可与泵同时向系统提供压力油。

图7-3-10所示为采用蓄能器的快速运动回路。当系统停止工作时,换向阀5处在中间位置,这时,泵便经单向阀3向蓄能器供油,蓄能器压力达到规定值时,液控顺序阀2打开,使液压泵卸荷。当换向阀5的阀芯处于左端或右端位置时,泵1和蓄能器4共同向液压缸6供油,实现快速运动。由于采用蓄能器和液压泵同时向系统供油,故可以用较小流量的液压泵来获得快速运动。

3. 双泵供油的快速运动回路

图7-3-11所示为双泵供油的快速运动回路,这种回路是利用低压大流量泵和高压小流量泵并联为系统供油。

图中1为低压大流量泵,用以实现快速运动;2为高压小流量泵,用以实现工作进给运动。在快速运动时,液压泵1输出的油经单向阀4和液压泵2输出的油共同向系统供油。在工作进给时,系统压力升高,打开液控顺序阀(卸荷阀)3使液压泵1卸荷,此时单向阀4关闭,由液压泵2向系统单独供油。液控顺序阀3和溢流阀5分别设定双泵供油和小流量泵2供油时系统的最高工作压力。

双泵供油回路的优点是功率利用合理,系统效率高,并且速度换接较平稳,在快、慢速度相差较大的机床中应用很广泛;缺点是要用一个双联泵,油路系统也稍复杂。

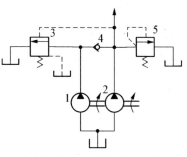

1—大流量泵;2—小流量泵;3—顺序阀;
4—单向阀;5—溢流阀

图7-3-11 双泵供油的快速运动回路

7.3.3 速度换接回路

速度换接回路用来实现运动速度的变换,例如由快速转变为慢速或两个慢速之间的换接。对这种回路的要求是速度换接要平稳,即不允许在速度变换的过程中有前冲(速度突然增加)现象而且换接可靠。下面介绍几种回路的换接方法及特点。

1. 快速与慢速的换接回路

能够实现快速与慢速换接的方法很多,图7-3-9所示的快速运动回路就可以使液压缸的运动由快速转换为慢速,下面再介绍一种在组合机床液压系统中常用的行程阀的快慢速换接回路。

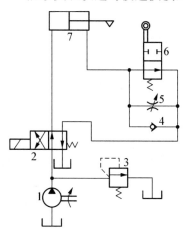

1—液压泵;2—换向阀;3—溢流阀;
4—单向阀;5—节流阀;6—行程阀;
7—液压缸

图7-3-12 用行程阀的速度换接回路

图7-3-12所示是利用行程阀实现的快、慢速运动换接回路。在图示位置液压缸7右腔的回油可经行程阀6和换向阀2流回油箱,使活塞快速向右运动。当快速运动到达所需位置时,活塞上挡块压下行程阀6,将其通路关闭,这时,液压缸7右腔的回油就必须经过节流阀5流回油箱,活塞的运动转换为工作进给运动(简称工进)。当操纵换向阀2使活塞换向后,压力油可经换向阀2和单向阀4进入液压缸7右腔,使活塞快速向左退回。

在这种速度换接回路中,因为行程阀的通油路是由液压缸活塞的行程控制阀芯移动而逐渐关闭的,所以,换接时的位置精度高,运动速度的变换比较平稳。这种回路在机床液压系统中应用较多,它的缺点是行程阀的安装位置受一定限制(要由挡铁压下),所以有时管路连接稍复杂。行程阀也可以用电磁换向阀来代替,这时,电磁阀的安装位置不受限制(挡铁只需要压下行程开关),但其换接精度及速度变换的平稳性较差。

2. 两种慢速的换接回路

对于某些自动机床、注塑机等,需要在自动工作循环中有两种进给速度,一般,第一进给速度大于第二进给速度,为实现两次进给速度,常用两个调速阀串联或并联在油路中,用换向阀进行切换。图7-3-13(a)所示为两个调速阀串联来实现两次进给速度的换接回路,它只能用于第二进给速度小于第一进给速度的场合,故调速阀B的开口小于调速阀A。在这种回路中,调速阀A一直处于工作状态,它在速度换接时限制着进入调速阀B的流量,因此,它的速度换接平稳性较好。但由于油液经过两个调速阀,所以能量损失较大。

图7-3-13(b)所示为两个调速阀并联来实现两次进给速度的换接回路,这种回路中,两个调速阀的节流口可以单独调节,互不影响,即第一种工作进给速度和第二种工作进给速度互相间没有什么限制。但一个调速阀工作时,另一个调速阀中没有油液通过,它的定差减压阀则处于完全打开的位置,在速度换接开始的瞬间不能起减压作用,因而在速度转换瞬间,通过该调速阀的流量过大会造成进给部件突然前冲。因此,这种回路不宜用在同一行程两次进给速度的转换上,只可用在速度预选的场合。

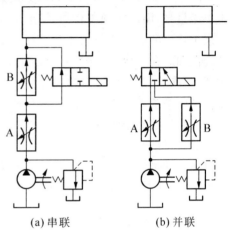

(a) 串联   (b) 并联

图7-3-13 用两个调速阀的速度换接回路

7.4 多缸工作控制回路

在液压系统中,如果由一个油源给多个液压缸输送压力油,这些液压缸会因压力和流量的彼此影响而在动作上相互牵制,必须使用一些特殊的回路才能实现预定的动作要求,常见的这类回路主要有以下三种。

7.4.1 顺序动作回路

在多缸液压系统中,往往需要按照一定的要求顺序动作。例如,组合机床回转工作台的抬起和转位,自动车床中刀架的纵横向运动,夹紧机构的定位和夹紧,等等,都必须按固定的顺序运动。

顺序动作回路按其控制方式不同,分为压力控制、行程控制和时间控制三类,其中,前两类用得较多。

1. 用压力控制的顺序动作回路

压力控制就是利用油路本身的压力变化来控制液压缸的先后动作顺序,它主要利用压力继电器和顺序阀来控制顺序动作。

(1) 用压力继电器控制的顺序动作回路

图 7-4-1 所示是机床的夹紧、进给系统,要求的动作顺序是:先将工件夹紧,然后动力滑台进行切削加工。动作循环开始时,二位四通电磁阀处于图示位置,液压泵输出的压力油进入夹紧缸的右腔,左腔回油,活塞向左移动,将工件夹紧。夹紧后,液压缸右腔的压力升高,当油压超过压力继电器的调定值时,压力继电器发出信号,指令电磁阀的电磁铁 2DT、4DT 通电,进给液压缸动作(其动作原理详见速度换接回路)。油路中要求先夹紧后进给,工件没有夹紧则不能进给,这一严格的顺序是由压力继电器保证的。压力继电器的调整压力应比减压阀的调整压力低 $3 \times 10^5 \sim 5 \times 10^5$ Pa。

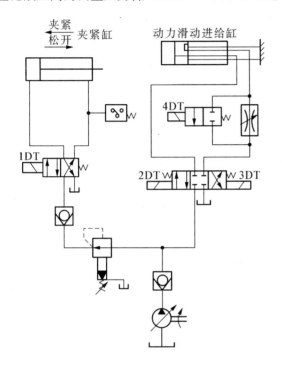

图 7-4-1 压力继电器控制的顺序回路

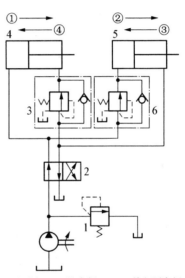

1—溢流阀;2—换向阀;3,6—单向顺序阀;
4,5—液压缸

图 7-4-2 顺序阀控制的顺序回路

(2) 用顺序阀控制的顺序动作回路

图 7-4-2 所示是采用两个单向顺序阀的压力控制顺序动作回路。其中单向顺序阀 6 控制两液压缸前进时的先后顺序,单向顺序阀 3 控制两液压缸后退时的先后顺序。当换向阀 2 左位工作时,压力油进入液压缸 4 的左腔,右腔经阀 3 中的单向阀回油,此时,由于压力较低,单向顺序阀 6 关闭,缸 4 的活塞先动。当液压缸 4 的活塞运动至终点时,油压升高,达到单向顺序阀 6 的调定压力时,单向顺序阀 6 开启,压力油进入液压缸 5 的左腔,右腔直接回油,缸 5 的活塞向右移动。当液压缸 5 的活塞右移到达终点后,换向阀右位接通,此时,压力油进入液压缸 5 的右腔,左腔经阀 3 中的单向阀回油,使缸 5 的活塞向左返回,到达终点时,压力油升高,打开单向顺序阀 3,再使液压缸 4 的活塞返回。

这种顺序动作回路的可靠性,在很大程度上取决于顺序阀的性能及其压力调整值。顺序阀的调整压力应比先动作的液压缸的工作压力高 $8 \times 10^5 \sim 10 \times 10^5$ Pa,以免在系统压力波动时发生误动作。

2. 用行程控制的顺序动作回路

行程控制顺序动作回路是利用工作部件到达一定位置时发出信号来控制液压缸的先后动作顺序,它可以利用行程开关、行程阀来实现。

(1) 用行程阀控制的顺序动作回路

图7-4-3所示为行程阀控制的顺序动作回路,在图示状态下,A、B两液压缸活塞均在右端。当推动手柄,使阀C左位工作,缸A左行,完成动作①;挡块压下行程阀D后,缸B左行,完成动作②;手动换向阀复位后,缸A先复位,实现动作③;随着挡块后移,阀D复位,缸B退回实现动作④。至此,顺序动作全部完成。这种回路工作可靠,但动作顺序一经确定,再改变就比较困难,同时管路长,布置较麻烦。

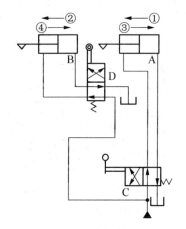

图7-4-3 行程阀控制的顺序回路

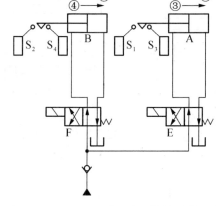

图7-4-4 行程开关控制的顺序动作回路

(2) 用行程开关控制的顺序动作回路

图7-4-4所示为由行程开关控制的顺序动作回路,当阀E得电换向时,缸A左行完成动作①后,触动行程开关S_1使阀F得电换向,控制缸B左行完成动作②,当缸B左行至触动行程开关S_2使阀E失电,缸A返回,实现动作③后,触动行程开关S_3使F断电,缸B返回,完成动作④,最后触动S_4,使泵卸荷或引起其他动作,完成一个工作循环。这种回路的优点是控制灵活方便,可任意改变动作顺序,但其可靠程度主要取决于电气元件的质量。

7.4.2 同步回路

同步回路的功用是保证系统中的两个或多个液压缸在运动中的位移量相同或以相同的速度运动。从理论上讲,在一泵多缸的系统中,对工作面积相同的液压缸输入等量的油液即可使液压缸同步,但泄漏、摩擦阻力、制造精度、外负载、结构弹性变形以及油液中的含气量等因素都会使同步难以保证,为此,同步回路要尽量克服或减少这些因素的影响,有时要采用补偿措施,补偿它们在流量上所造成的变化。

1. 用机械连接式同步回路

图7-4-5所示是用机械连接式同步回路。它是将两个液压缸通过机械装置(齿轮齿条或刚性固联)将其活塞杆连接在一起,使它们的运动相互受到牵制,因此,可不必在液压系统中采取任何措施而达到同

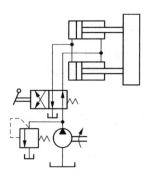

**图7-4-5 用机械连接式
的同步回路**

步,此种同步方法简单,工作可靠,它不宜使用在两缸距离过大或两缸负载差别过大的场合。

2. 用调速阀控制的同步回路

图7-4-6所示是两个并联的液压缸,分别用调速阀控制的同步回路。两个调速阀分别调节两缸活塞的运动速度,当两缸有效面积相等时,则流量也调整得相同;若两缸面积不等,则改变调速阀的流量也能达到同步的运动。

用调速阀控制的同步回路,结构简单,但调整比较麻烦。又由于受到油温变化以及调速阀性能差异等影响,同步精度较低,一般为5%～7%。

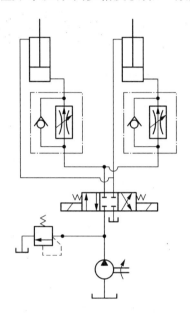

图7-4-6 调速阀控制的同步回路

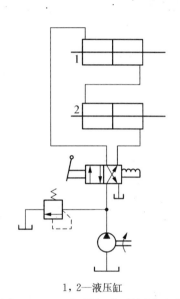

1,2—液压缸

图7-4-7 串联液压缸的同步回路

3. 串联液压缸的同步回路

图7-4-7所示是串联液压缸的同步回路。图中第一个液压缸回油腔排出的油液,被送入第二个液压缸的进油腔。如果串联油腔活塞的有效面积相等,便可实现同步运动。这种回路两缸能承受不同的负载,但泵的供油压力要大于两缸工作压力之和。

由于泄漏和制造误差,影响了串联液压缸的同步精度,当活塞往复多次后,会产生严重的失调现象,为此要采取补偿措施。图7-4-8所示是两个单作用缸串联,并带有补偿装置的同步回路。为了达到同步运动,缸1有杆腔A的有效面积应与缸2无杆腔B的有效面积相等。当三位四通换向阀右位工作时,在活塞下行的过程中,如液压缸1的活塞先运动到底,触动行程开关a,使阀5得电,此时,压力油便经过二位三通电磁阀5、液控单向阀3,向液压缸2的B腔补油,使缸2的活塞继续运动到底。如果液压缸2的活塞先运动到底,触动行程开关b,使阀4得电,此时,压力油

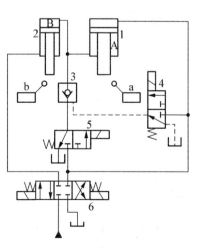

1,2—液压缸;3—液控单向阀;
4,5,6—换向阀

图7-4-8 带有补偿装置的
串联缸同步回路

· 119 ·

便经二位三通电磁阀 4 进入液控单向阀的控制油口，液控单向阀 3 反向导通，使缸 1 能通过液控单向阀 3 和二位三通电磁阀 5 回油，使缸 1 的活塞继续运动到底，对失调现象进行补偿。这种串联式同步回路只适用于负载较小的液压系统。

7.4.3 多缸快慢速互不干扰回路

多缸快慢速互不干扰回路的功用是防止液压系统中的几个液压缸因速度快慢的不同而在动作上的相互干扰。

在一泵多缸的液压系统中，往往由于其中一个液压缸快速运动时，会造成系统的压力下降，影响其他液压缸工作进给的稳定性。因此，在工作进给要求比较稳定的多缸液压系统中，必须采用快慢速互不干涉回路。

在图 7-4-9 所示的回路中，各液压缸分别要完成快进、工作进给和快速退回的自动循环。回路采用双泵的供油系统，泵 1 为高压小流量泵，供给各缸工作进给所需的压力油；泵 2 为低压大流量泵，为各缸快进或快退时输送低压油，它们的压力分别由两溢流阀调定。

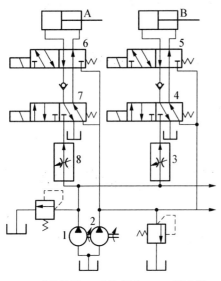

1—小流量泵；2—大流量泵；3，8—调速阀；
4，5，6，7—换向阀

图 7-4-9 双泵供油互不干扰回路

在图示状态下各缸原位停止。当阀 5、阀 6 均通电时，各缸均由双联泵中的大流量泵 2 供油并作差动快进。这时，如某一个液压缸（例如缸 A）先完成快进动作，由挡块和行程开关使阀 7 通电，阀 6 断电，此时，低压大流量泵 2 进入缸 A 的油路被切断，而双联泵中的高压小流量泵 1 进油路打开，缸 A 由调速阀 8 调速工进。此时，缸 B 仍作快进，互不影响。当各缸都转为工进后，它们全由高压小流量泵 1 供油。此后，若缸 A 又率先完成工进，行程开关应使阀 7 和阀 6 均通电，缸 A 即由低压大流量泵 2 供油快退，当电磁铁皆断电时，各缸都停止运动，并被锁在所在的位置上。由此可见，这个回路之所以能够防止多缸的快慢运动互不干扰，是由于快速和慢速各由一个液压泵来分别供油，然后再由相应的电磁阀进行控制的缘故。

7.5 液压回路实验

通过液压基本回路实验，熟悉和掌握它们的组成、工作原理及应用，是设计和使用液压系统的基础。

7.5.1 液控单向阀的双向锁紧回路

1. 实验目的

① 加深认识液控单向阀的工作原理、基本结构、使用方法和在回路中的作用。

② 学会利用液控单向阀的结构特点设计液压双向锁紧回路。

③ 通过实验加深对锁紧回路性能的理解。

④ 培养安装、连接和调试液压系统回路的实践能力。

2. 实验内容与实验原理

（1）实验内容

根据已学液压传动知识利用液控单向阀的工作原理和基本性能设计双向锁紧回路，并在液压实验台上进行安装、连接、调试和运行。观察分析用液控单向阀的闭锁回路在工作过程中液压缸的锁紧精度及其可靠性。

（2）实验原理

实验回路如图 7-5-1 所示，当有压力油进入时，回油路的单向阀被打开，压力油进入工作液压缸。但当三位四通电磁换向阀（Y 型）处于中位或液压泵停止供油时，两个液控单向阀把工作液压缸内的油液密封在里面，使液压缸停止在该位置上被锁住（如果工作液压缸和液控单向阀都具有良好的密封性能，即使在外力作用下，回路也能使执行元件保持长期锁紧状态）。

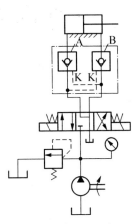

图 7-5-1 锁紧回路

本实验在图示位置时，由于 Y 型三位四通电磁换向阀处于中位，A、B、T 口连通，P 口不向工作液压缸供油，保持压力。此时，液压泵输出油液经溢流阀流回油箱，因无控制油液作用，液控单向阀 A、B 关闭，液压缸两腔均不能进排油，于是，活塞被双向锁紧。要使活塞向右运动，则需使换向阀左位接入系统，压力油经液控单向阀 A 进入液压缸，同时也进入液控单向阀 B 的控制油口 K，打开阀 B，使液压缸右腔回油经阀 B 及换向阀流回油箱，同时，工作液压缸活塞向右运动。当换向阀右位接通，液控单向阀 B 开启，压力油打开阀 A 的控制口 K，工作液压缸向左行，回油经阀 A 和换向阀 T 口流回油箱。

3. 实验方法与实验步骤

（1）实验方法

本实验使用了一个 Y 型三位四通电磁换向阀和两个液控单向阀所组成的液压双向锁紧回路，在工作液压缸的进、出油路上接入液控单向阀 A 和 B，通过三位四通电磁换向阀对液控单向阀的换向控制，可以在行程的任何位置将液压缸活塞锁紧。其锁紧精度仅受液压缸少量内泄漏的影响。

（2）实验步骤

① 设计利用两个液控单向阀的双向液压闭锁回路；

② 安装回路所需元器件，用透明油管连接回路。经检查确定无误后，接通电源，连接三位四通电磁换向阀，启动电气控制面板上的电源开关；

③ 启动液压泵开关，调节液压泵的转速使压力表达到预定压力，利用三位四通电磁换向阀的换向功能使活塞进行往复运动；

④ 观察并分析系统压力与液控单向阀控制口压力之间的关系。

4. 实验报告

（1）实验用液压泵、阀等元器件的名称、性能。

（2）试说明液控单向阀控制压力的调整方法及其调控原理。

（3）试问利用什么换向阀可以代替图示中的换向阀实现双向闭锁控制回路。

5. 思考并简单回答下列问题：

（1）单向阀和液控单向阀大都采用什么样的结构？为什么？

（2）如果将液控单向阀的控制口 K 堵塞，会产生怎样的现象？

（3）试举出生产实践中应用液压锁紧回路的实例。

7.5.2　二级压力控制回路

1. 实验目的

（1）进一步认识和理解直动式溢流阀的工作原理、基本结构、主要性能及其在液压回路中的作用。

（2）通过实验了解直动式溢流阀的调压偏差、调压范围等静态特性指标以及这些参数在实际应用时的真实意义。

（3）掌握二级压力控制回路的工作原理及其全部控制过程；认识二级压力控制回路中，高、低压直动式溢流阀在系统工作过程中各自的作用（高压溢流阀控制系统的最高压力，低压溢流阀所调压力基本上是用来克服运动部件的自重和摩擦阻力）。

（4）通过实验验证学过的理论知识的实践性，同时检验自己所设计的液压回路的正确性，培养将理论与实践相结合的能力。

2. 实验内容与实验原理

（1）实验内容

设计利用两个直动式溢流阀所实现的二级压力控制回路。在可拆装液压回路实验台上进行安装、接通系统回路并调试系统工作。调节高、低压溢流阀的控制压力值，以满足液压缸所需工作压力和返程压力（用于克服摩擦、泄漏等阻力）。

（2）实验原理

实验回路如图 7-5-2 所示，调压回路中的二级压力控制回路（双压回路），根据溢流阀在定量泵供油系统中可使泵或局部支路保持恒压的作用，在系统设定压力范围内，将两个具有不同调压范围的直动式溢流阀分别设置在液压泵的出口和工作液压缸的返程（非工作行程）回路上，通过二位四通电磁换向阀可以控制工作液压缸在往复行程中获得不同压力。

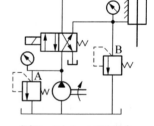

图 7-5-2　二级压力控制回路

3. 实验方法与步骤

（1）实验方法

二级压力控制回路，可以为机床或某些液压传动机械在工作过程的各个阶段提供所需要的不同压力。如活塞上升与下降过程中需要不同的压力，这时就要应用到二级压力控制回路。如图 7-5-2 所示为利用两个直动式溢流阀分别控制两级压力的二级压力控制回路。活塞下降是工作行程，需要压力较高，由溢流阀 A 调定泵的出口压力值，活塞上升是非工作行程，所需较低压力由溢流阀 B 调定，液压缸的运动方向及压力变换由二位四通电磁换向阀进行转换。

（2）实验步骤

① 自行设计并组装二级压力控制回路，或检查实验台上搭建的液压回路是否正确（各接

管连接部分是否插接牢固)。

② 接通电源,将二位四通电磁换向阀接入电气控制面板的插座中,启动电气控制面板上的开关。

③ 调节液压泵的转速使压力表达到预定压力,开始液压系统的运转实验,并记录系统中所有运行参数值。

④ 调节工作缸压力控制系统的压力(调节直动式溢流阀的调压旋钮),使工作缸活塞杆顶出压力大于回程压力。

4. 实验报告

(1) 实验用液压泵、缸、阀等元器件的名称及性能。

(2) 将两直动式溢流阀 A、B 接入液压系统中时,应注意哪些问题?

5. 思考并简单回答下列问题:

(1) 试分析在二级压力控制回路中,为什么阀 A 的调节压力必须大于阀 B 的调节压力?否则将会怎样?

(2) 在很多机床上具有自锁性能的液压夹紧机构中,大都采用这种二级压力控制回路,试说明有什么必要。

7.5.3 回油节流调速回路

将调速阀(或节流阀)串接在工作液压缸的回油路上,利用调速阀(或节流阀)控制工作液压缸的排油流量 Q_2 来实现对工作液压缸活塞运动速度的调节。由于对工作液压缸活塞运动速度进行控制的节流阀安装在液压缸的回油路上,所以称之为回油节流调速回路。

1. 实验目的

(1) 学会使用节流阀、调速阀、溢流阀、二位四通电磁换向阀、液压缸等液压元器件来设计回油节流调速回路,加深对所学知识的理解与掌握。

(2) 培养使用各种液压元器件进行系统回路的安装、连接及调试等实践能力。

(3) 进一步理解调速阀的工作原理、基本结构和它在液压回路中的应用。

(4) 通过实验了解利用回油节流调速回路控制液压系统中执行元件运动速度的有效性及这种回路的优、缺点。

(5) 掌握两种节流调速回路的调速性能、特点及不同之处,加深对采用节流阀与采用调速阀的节流调速回路性能的理解。

2. 实验内容与实验原理

(1) 实验内容

设计利用节流阀或调速阀的回油节流调速回路,在液压传动实验台上安装、连接并调试使回路运行,利用实验数据(计算各种节流阀或调速阀通流面积所对应的活塞运动速度,或利用所记录的活塞运动速度反求与之相对应的节流阀或调速阀的通流面积)近似画出回油节流调速回路的速度-负载特性曲线。

(2) 实验原理

将调速阀串联在液压缸的回路上,即可构成回油节流调速回路。根据流量连续性原理,调速阀安装在液压缸的回油路上也同样可以调节与控制进入液压缸的流量。供油压力(液压泵的输出压力)由溢流阀调定,液压泵输出的多余(未进入工作液压缸的)油液经溢流阀的溢流口流回油箱。由于溢流阀产生溢流,可以使液压泵的出口压力 p_B 保持恒定,借助调速阀(或节流阀)控制工作液压缸的排油流量 Q_2 来实现对工作液压缸活塞运动速度的调节。由于进入液压缸的流量 Q_1 受到回油路上排出流量 Q_2 的限制,因此用调速阀来调节液压缸排油量 Q_2 也就调节了进油量 Q_1。定量泵排除多余的油液经溢流阀流回油箱。

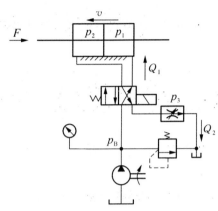

图 7 - 5 - 3　回油节流调速回路

回油节流调速回路和进油节流调速回路的速度负载特性和刚度基本相同,如果采用两腔有效作用面积相等的双出杆液压杠,由于 $A_1 = A_2$,那么,两种调速回路的速度负载特性和刚度就完全一样。

由于回油路上有较大的背压力,在外界负载变化时可起缓冲作用,运动平稳性比前一种要好。此外,回油节流调速回路中,经调速阀后发热的油液随即流回油箱,容易散热。而进油节流调速回路经节流阀而发热的油液直接进入液压缸,回路热量增多,油液粘度下降,泄漏就增加。综上所述,回油节流调速回路广泛用于功率不大、负载变化较大或运动平稳性要求较高的液压系统中。如图 7 - 5 - 3 所示。

3. 实验方法与步骤

本实验在液压实验台上完成,此实验台采用了透明液压元件、组合插装式结构、活动管路接头、通用电气线路等,可方便地进行各种常用液压传动的控制、实验及测试。

(1)实验方法

据已学过的有关液压回路的基本知识,利用节流阀或调速阀、溢流阀等液压元器件设计回油节流调速回路,在液压传动实验台上实现所设计回路的安装、连接及调试,进行系统的运行,调节节流阀或调速阀通流面积,即控制节流口的大小以调节回路中工作液压缸活塞的运动速度,利用速度传感器检测工作液压缸活塞的运动速度(根据节流阀或调速阀通流面积调节旋钮的调节量推算该通流面积的大小),利用上述实验数据和计算结果,绘制本回油节流调速回路的速度-负载特性曲线。

(2)实验步骤

① 设计利用节流阀或调速阀的回油节流调速回路。

② 检查实验台上搭建的液压回路是否正确,各接管连接部分是否插接牢固,确定无误则接通电源,将换向阀插座与二位四通电磁换向阀进行连接,启动电气控制面板上的开关。

③ 旋转液压泵开关,调节液压泵的转速使压力表达到预定压力,将回路中的节流阀或调速阀调节旋钮调至较小位置(使通流面积尽可能小)进行该回路实验的预运行。

④ 缓慢调节节流阀或调速阀调节旋钮,以使节流口逐渐增大(其调节量与速度传感器的测速精度相适应),测定并记录工作液压缸活塞的运动速度以及调节量。

⑤ 利用所记录的实验数据,通过计算和整理绘制进油节流调速回路的速度-负载特性曲线。

⑥ 进行实验分析,并完成实验报告。

4. 实验报告

(1)实验用液压泵、缸、阀等元器件的名称及性能。

　(2) 简述进油节流调速回路与回油节流调速回路的相同点和不同点,并分析为什么。

5. 思考并简单回答下列问题:

　(1) 就低速平稳性而言,回油节流调速优于进油节流调速,为什么?

　(2) 回油节流调速回路的缺点有哪些?

　(3) 为什么说回油节流调速回路中会出现启动前冲?

　(4) 采用调速阀的节流调速回路有哪些优点?

小　　结

　　工业中的液压系统虽然复杂,但均可分解为若干个功能不同的基本液压回路。液压基本回路是由必要的液压元件组成,并能完成一定功能的简单液压回路。

　　液压基本回路中,速度控制回路是核心部分,系统性能的好坏很大程度上由速度控制回路决定。速度控制回路是用以控制执行元件的运动速度;液压系统的工作压力取决于负载的大小,执行元件所受的总负载包括工作负载、执行元件的摩擦阻力以及油流在管路中流动对所产生的沿程阻力和局部阻力等。通常采用调压回路来满足系统的调压要求。在定量泵系统中,液压泵的供油压力通过溢流阀来调节;变量泵系统中用安全阀来限制系统的最高压力,防止系统过载。当系统需要两种以上压力时,可采用多级调压回路;节液调速回路按节流阀安装位置不同可分为进油节流调速、回油节流调速和旁路节流调速三种。节流调速由于存在节流损失和溢流损失,功率损失较大,效率较低,主要用于对速度要求不高的小功率液压系统。

习　　题

　1. 简述三种节流调速方式的应用场合。

　2. 分析题 7 - 2 图所示液压系统,说明下列问题:

　(1) 阀 1、阀 2、阀 3 组成什么回路?

　(2) 本系统中,阀 1、阀 2 可用液压元件中的哪一种阀来代替?

　(3) 系统工作正常时,为使柱塞能够平稳右移,在系统工作压力 p_1、阀 2 的调整压力 p_2 和阀 3 的调整压力 p_3 中,哪个压力值最大?哪个最小或者相等?请予以说明。

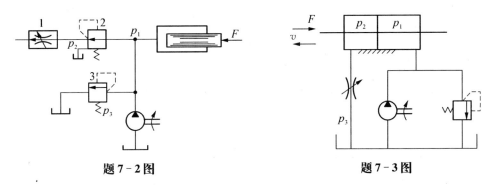

題 7 - 2 图　　　　　　　　　　題 7 - 3 图

　3. 如题 7 - 3 图所示的回油节流调速回路,假定溢流阀的调定压力为 2.5 MPa,系统工作时,该阀阀口均打开,有油溢回油箱;活塞有效工作面积 $A = 0.01\ \mathrm{m^2}$,不计压力损失。

(1) 当背压 $p_2 = 0.5\ \mathrm{MPa}$ 时,负载 F 为多大;当背压 $p_2 = 2.5\ \mathrm{MPa}$ 时,负载 F 为多大? 当背压 $p_2 = 3\ \mathrm{MPa}$ 时,负载 F 为多大?

(2) 若节流阀开口不变,则以上三种情况下,活塞的运动速度相等吗? 从溢流阀流出的油相同吗?

4. 如题 7-4 图所示的回路中,溢流阀的调整压力为 5.0 MPa,减压阀的调整压力为 2.5 MPa,试分析下列情况,并说明减压阀阀口处于什么状态。

(1) 当泵压力等于溢流阀调整压力时,夹紧缸使工件夹紧后,A、C 点的压力各为多大?

(2) 当泵压力由于工作缸快进压力降到 1.5 MPa 时(工作原先处于夹紧状态)A、C 点的压力各为多大?

(3) 夹紧缸在夹紧工件前作空载运动时,A、B、C 三点的压力各为多大?

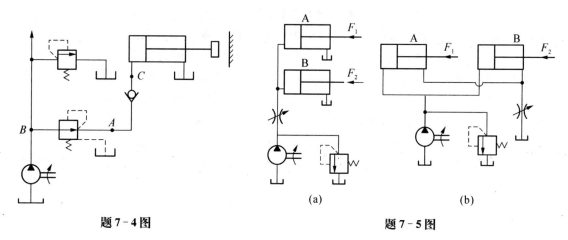

题 7-4 图   题 7-5 图

5. 如题 7-5 图所示,各液压缸完全相同,负载 $F_2 > F_1$。已知节流阀能调节液压缸速度并不计压力损失。试判断在题 7-5 图(a)和题 7-5 图(b)的两个液压回路中,哪个液压缸先动? 哪个液压缸速度快? 请说明道理。

6. 题 7-6 图所示为二级减压回路,说明阀 1、阀 2、阀 3 调定压力的大小顺序,在图示位置时,支路压力由哪个阀调定?

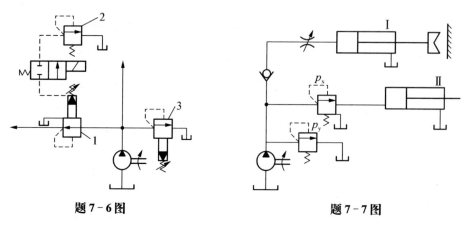

题 7-6 图   题 7-7 图

7. 如题 7-7 图所示的液压回路,它能否实现"夹紧缸 I 先夹紧工件,然后进给缸 II 再移动"的要求(夹紧缸 I 的速度必须能调节)? 为什么? 应该怎么办?

8. 题 7-8 图中,液压缸无杆腔面积 $A = 50\ \text{cm}^2$,负载 $F_L = 10\,000\ \text{N}$,各阀的调定压力如图示,试分析确定在活塞运动时和活塞运动到终端停止时 A、B 两处的压力。

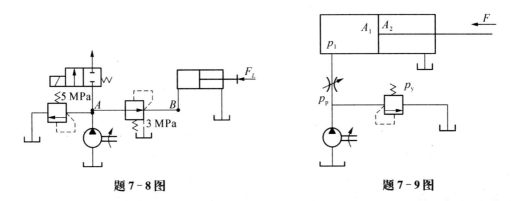

题 7-8 图   题 7-9 图

9. 题 7-9 图所示的进口节流调速系统中,液压缸大、小腔面积各为 $A_1 = 100\ \text{cm}^2$, $A_2 = 50\ \text{cm}^2$,$F_{\text{max}} = 25\,000\ \text{N}$。

(1) 如果节流阀的压降在 F_{max} 时为 $30 \times 10^5\ \text{Pa}$,问液压泵的工作压力 p_p 和溢流阀的调整压力各为多大?

(2) 若溢流阀按上述要求调好后,负载从 $F_{\text{max}} = 25\,000\ \text{N}$ 降到 $15\,000\ \text{N}$ 时,液压泵工作压力和活塞的运动速度各有什么变化?

8 典型液压系统

由于液压系统所服务的主机的工作循环、动作特点等各不相同,相应的各液压系统的组成、作用和特点也不尽相同。但一台机器设备的液压系统无论有多复杂,都是由若干个基本回路组成,基本回路的特性也就决定了整个系统的特性。本章通过对几个典型液压系统的分析,进一步熟悉各液压元件在系统中的作用和各种基本回路的组成,通过研究这些系统的工作原理和性能特点,掌握分析液压系统的方法和步骤。

【本章学习目标】

1. 了解机械设备工况对液压系统的要求,了解在工作循环中的各个工步对力、速度和方向这三个参数的质与量的要求;

2. 通过前面基本回路的学习,结合本章典型液压系统,掌握液压系统的读图方法和分析步骤;

3. 要求能读懂一般的液压系统实例,能基本分析系统的特点和各种元件在系统中的作用。

液压传动系统是根据机械设备的工作要求,选用适当的液压基本回路经有机组合而成。阅读一个较复杂的液压系统图,大致可按以下步骤进行:

(1) 了解机械设备工况对液压系统的要求,了解在工作循环中的各个工步对力、速度和方向这三个参数的质与量的要求。

(2) 初读液压系统图,了解系统中包含哪些元件,且以执行元件为中心,将系统分解为若干个工作单元,即子系统。

(3) 先单独分析每一个子系统,了解其执行元件与相应的阀、泵之间的关系,包含哪些基本回路。参照电磁铁动作表和执行元件的动作要求,理清其液流路线。

(4) 根据系统中对各执行元件间的互锁、同步、防干扰等要求,分析各子系统之间的联系以及如何实现这些要求。

(5) 在全面读懂液压系统的基础上,根据系统所使用的基本回路的性能,对系统作综合分析,归纳总结整个液压系统的特点,以加深对液压系统的理解。

液压传动系统种类繁多,它的应用涉及机械制造、轻工、纺织、工程机械、船舶、航空和航天等各个领域,但根据其工作情况,典型液压系统视液压传动系统的工况要求与特点,可分为以下几种。

(1) 以速度变换为主的液压系统(如组合机床系统)

① 能实现工作部件的自动工作循环,生产率较高。

② 快进与工进时,其速度与负载相差较大。

③ 要求进给速度平稳、刚性好,有较大的调速范围。

④ 进给行程终点的重复位置精度高,有严格的顺序动作。

(2) 以换向精度为主的液压系统(如磨床系统)

① 要求运动平稳性高,有较低的稳定速度。

② 启动与制动迅速、无冲击,有较高的换向频率(最高可达 150 次/min)。

③ 换向精度高,换向前停留时间可调。

(3) 以压力变换为主的液压系统(如液压机系统)

① 系统压力要能经常变换调节,且能产生很大的推力。

② 空行程时速度大,加压时推力大,功率利用合理。

③ 系统多采用高低压泵组合或恒功率变量泵供油,以满足空程与加压时速度与压力的变化要求。

(4) 多个执行元件配合工作的液压系统(如汽车起重机液压系统)

① 在各执行元件动作频繁换接,压力急剧变化的条件下,系统足够可靠,避免误动作。

② 能实现严格的顺序动作,完成工作部件规定的工作循环。

③ 满足各执行元件对速度、压力及换向精度的要求。

8.1　组合机床动力滑台液压系统

8.1.1　概述

组合机床是由一些通用和专用部件组合而成的专用机床,它操作简便、效率高,广泛应用于成批大量的生产中。组合机床上的主要通用部件——动力滑台是用来实现进给运动的。液压系统主要由通用滑台和辅助部分(如定位、夹紧)组成。动力滑台本身不带传动装置,可根据加工需要安装不同用途的主轴箱,以完成钻、扩、铰、镗、刮端面、铣削、倒角及攻丝等工序。液压动力滑台是利用液压缸将泵站所提供的液压能转变成滑台运动所需的机械能。它对液压系统性能的要求是速度换接平稳,进给速度稳定,功率利用合理,效率高,发热少。图 8-1-1所示为 YT4543 型组合机床动力滑台。

图 8-1-2 所示为 YT4543 型组合机床动力滑台的液压系统原理图,该动力滑台要求进给速度范围为 6.6～600 mm/min,最大进给力

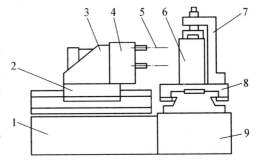

1—床身;2—动力滑台;3—动力头;4—主轴箱;5—刀具;
6—工件;7—夹具;8—工作台;9—底座

图 8-1-1　YT4543 型组合机床

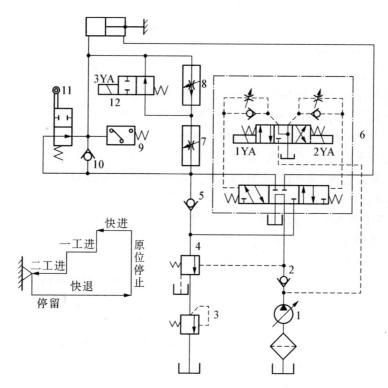

1—泵；2—单向阀；3—背压阀；4—顺序阀；5—单向阀；6—液控换向阀；
7、8—调速阀；9—压力继电器；10—单向阀；11—行程阀；12—换向阀

图 8-1-2　YT4543 型动力滑台液压系统原理图

为 45 kN，系统采用限压式变量泵供油、电液换向阀换向、快进由液压缸差动连接来实现。用行程阀实现快进与工进的转换、二位二通电磁换向阀用来进行两个工进速度之间的转换，为了保证进给的尺寸精度，采用了止挡块停留来限位。

通常实现的工作循环如下：

快进 → 第一次工作进给 → 第二次工作进给 → 止挡块停留 → 快退 → 原位停止。

8.1.2　YT4543 型动力滑台液压系统的工作原理

1. 快进

按下启动按钮，电磁铁 1YA 得电，电液换向阀 6 的先导阀阀芯向右移动从而引起主阀芯向右移，使其左位接入系统，其主油路如下：

进油路：泵 1 → 单向阀 2 → 换向阀 6（左位）→ 行程阀 11（下位）→ 液压缸左腔；

回油路：液压缸的右腔 → 换向阀 6（左位）→ 单向阀 5 → 行程阀 11（下位）→ 液压缸左腔，形成差动连接。

2. 第一次工作进给

当滑台快速运动到预定位置时，滑台上的行程挡块压下了行程阀 11 的阀芯，切断了该通道，使压力油须经调速阀 7 进入液压缸的左腔。由于油液流经调速阀，系统压力上升，打开液控顺序阀 4，此时，单向阀 5 的上部压力大于下部压力，所以单向阀 5 关闭，切断了液压缸的

差动回路,回油经液控顺序阀 4 和背压阀 3 流回油箱,使滑台转换为第一次工作进给。其油路如下:

进油路:泵 1 → 单向阀 2 → 换向阀 6(左位) → 调速阀 7 → 换向阀 12(右位) → 液压缸左腔;

回油路:液压缸右腔 → 换向阀 6(左位) → 顺序阀 4 → 背压阀 3 → 油箱。

因为工作进给时,系统压力升高,所以变量泵 1 的输油量便自动减小,以适应工作进给的需要,进给量大小由调速阀 7 调节。

3. 第二次工作进给

第一次工进结束后,行程挡块压下行程开关使 3YA 通电,二位二通换向阀将通路切断,进油必须经调速阀 7、阀 8 才能进入液压缸,此时,由于调速阀 8 的开口量小于调速阀 7,所以进给速度再次降低,其他油路情况同第一次工作进给。

4. 止挡块停留

当滑台工作进给完毕之后,碰上止挡块的滑台不再前进,停留在止挡块处,同时系统压力升高,当升高到压力继电器 9 的调整值时,压力继电器动作,经过时间继电器的延时,再发出信号使滑台返回,滑台的停留时间可由时间继电器在一定范围内调整。

5. 快退

时间继电器经延时发出信号,2YA 通电,1YA、3YA 断电,主油路如下:

进油路:泵 1 → 单向阀 2 → 换向阀 6(右位) → 液压缸右腔;

回油路:液压缸左腔 → 单向阀 10 → 换向阀 6(右位) → 油箱。

6. 原位停止

当滑台退回到原位时,行程挡块压下行程开关,发出信号,使 2YA 断电,换向阀 6 处于中位,液压缸失去液压动力源,滑台停止运动。液压泵输出的油液经换向阀 6 直接回油箱,泵卸荷。

该系统的动作循环表和各电磁铁及行程阀动作见表 8-1-1。

表 8-1-1　　　　　　　　　　动力滑台电磁铁动作顺序表

电磁铁	液压缸工作循环					
	快进	工进		停留	快退	停止
		一工进	二工进			
1YA	+	+	+	+	−	−
行程阀	−	+	+	+	−	−
3YA	−	−	+	+	−	−
2YA	−	−	−	−	+	−

8.1.3　YT4543 动力滑台液压系统的特点

(1) 系统采用了限压式变量叶片泵—调速阀—背压阀式的调速回路,能保证稳定的低速运动(进给速度最小可达 6.6 mm/min)、较好的速度刚性和较大的调速范围($R = 100$ mm)。

(2) 系统采用了限压式变量泵和差动连接式液压缸来实现快进,能源利用比较合理。滑台停止运动时,换向阀使液压泵在低压下卸荷,减少能量损耗。

(3) 系统采用了行程阀和顺序阀实现快进与工进的换接,不仅简化了电气回路,而且使动作可靠,换接精度也比电气控制高,至于两个工作进给之间的换接,则由于二者速度都较低,采用电磁阀完全能保证换接精度。

8.2　M1432A 型万能外圆磨床液压系统

8.2.1　M1432A 型万能外圆磨床液压系统的功能

M1432A 型万能外圆磨床主要用于磨削 IT5—IT7 精度的圆柱形或圆锥形外圆和内孔。该机床的液压系统具有以下功能:

(1) 能实现工作台的自动往复运动,并能在 0.05~4 m/min 之间无级调速,工作台换向平稳,起动制动迅速,换向精度高。

(2) 在装卸工件和测量工件时,为缩短辅助时间,砂轮架具有快速进退动作,为避免惯性冲击,控制砂轮架快速进退的液压缸设置有缓冲装置。

(3) 为方便装卸工件,尾架顶尖的伸缩采用液压传动。

(4) 工作台可作微量抖动:切入磨削或加工工件略大于砂轮宽度时,为了提高生产率和改善表面粗糙度,工作台可作短距离(1~3 mm)、频繁往复运动(100~150 次/min)。

(5) 传动系统具有必要的联锁动作:

① 工作台的液动与手动联锁,以免液动时带动手轮旋转引起工伤事故。

② 砂轮架快速前进时,可保证尾架顶尖不后退,以免加工时工件脱落。

③ 磨内孔时,为使砂轮不后退,传动系统中设置有与砂轮架快速后退联锁的机构,以免撞坏工件或砂轮。

④ 砂轮架快进时,头架带动工件转动,冷却泵启动;砂轮架快速后退时,头架与冷却泵电机停转。

8.2.2　M1432A 型万能外圆磨床液压系统的工作原理

图 8-2-1 所示为 M1432 型外圆磨床液压系统原理图。其工作原理如下:

1. 工作台的往复运动

(1) 工作台右行:如图所示状态,先导阀、换向阀阀芯均处于右端,开停阀处于右位。其主油路如下:

进油路:液压泵 19 → 换向阀 2 右位(P → A) → 液压缸 22 右腔;

回油路:液压缸 22 左腔 → 换向阀 2 右位(B → T_2) → 先导阀 1 右位 → 开停阀 3 右位 → 节流阀 5 → 油箱。

液压油推动液压缸带动工作台向右运动,其运动速度由节流阀来调节。

(2) 工作台左行:当工作台右行到预定位置时,工作台上左边的挡块拨与先导阀 1 的阀芯相连接的杠杆,使先导阀芯左移,开始工作台的换向过程。先导阀阀芯左移过程中,其阀芯中段制动锥 A 的右边逐渐将回油路上通向节流阀 5 的通道(D_2 → T)关小,使工作台逐渐

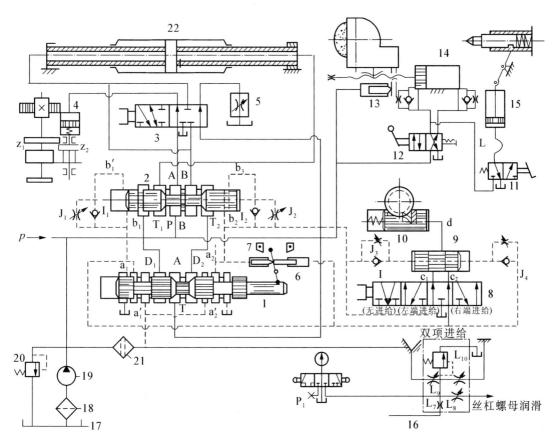

1—先导阀;2—换向阀;3—开停阀;4—互锁缸;5—节流阀;6—抖动缸;7—挡块;8—选择阀;9—进给阀;
10—进给缸;11—尾架换向阀;12—快动换向阀;13—闸缸;14—快动缸;15—尾架缸;16—润滑稳定器;
17—油箱;18—粗过滤器;19—油泵;20—溢流阀;21—精过滤器;22—工作台进给缸

图 8-2-1   M1432A 型万能外圆磨床

减速制动,实现预制动;当先导阀阀芯继续向左移动到先导阀芯右部环形槽时,使 a_2 点与高压油路 a_2' 相通,先导阀芯左部环槽使 $a_1 \to a_1'$ 接通油箱时,控制油路被切换。这时,借助于抖动缸推动先导阀向左快速移动(快跳)。其油路如下:

进油路:泵 19 → 精滤油器 21 → 先导阀 1 左位($a_2' \to a_2$) → 抖动缸 6 左端;

回油路:抖动缸 6 右端 → 先导阀 1 左位($a_1 \to a_1'$) → 油箱。

因为抖动缸的直径很小,上述流量很小的压力油足以使之快速右移,并通过杠杆使先导阀芯快跳到左端,从而使通过先导阀到达换向阀右端的控制压力油路迅速打通,同时又使换向阀左端的回油路也迅速打通。这时,控制油路如下:

进油路:泵 19 → 精滤油器 21 → 先导阀 1 左位($a_2' \to a_2$) → 单向阀 I_2 → 换向阀 2 右端;

回油路:换向阀 2 左端回油路在换向阀芯左移过程中有三种变换。

首先,换向阀 2 左端 $b_1' \to$ 先导阀 1 左位($a_1 \to a_1'$) → 油箱。换向阀阀芯因回油畅通而迅速左移,实现第一次快跳。当换向阀芯 1 快跳到制动锥 C 的右侧时,关小主回油路($B \to T_2$)通道,工作台便迅速制动(终制动)。换向阀阀芯继续迅速左移到中部台阶处于阀体中间沉割槽的中心处时,液压缸两腔都通压力油,工作台便停止运动。

换向阀芯在控制压力油作用下继续左移,换向阀芯左端回油路改为:换向阀 2 左端→节流阀 J_1→先导阀 1 左位→油箱。这时,换向阀芯按节流阀(停留阀)J_1 调节的速度左移,由于换向阀体中心沉割槽的宽度大于中部台阶的宽度,所以,阀芯慢速左移的一定时间内,液压缸两腔继续保持互通,使工作台在端点保持短暂的停留。其停留时间在 $0\sim5\,\mathrm{s}$ 内,由节流阀 J_1、J_2 调节。

最后,当换向阀芯慢速左移到左部环形槽与油路($b_1\to b_1{}'$)相通时,换向阀左端控制油的回油路又变为:换向阀 2 左端→油路 b_1→换向阀 2 左部环形槽→油路 $b_1{}'$→先导阀 1 左位→油箱。这时,由于换向阀左端回油路畅通,换向阀芯实现第二次快跳,使主油路迅速切换,工作台则迅速反向启动(左行)。这时的主油路如下:

进油路:泵 19→换向阀 2 左位($P\to B$)→液压缸 22 左腔;

回油路:液压缸 22 右腔→换向阀 2 左位($A\to T_1$)→先导阀 1 左位($D_1\to T$)→开停阀 3 右位→节流阀 5→油箱。

当工作台左行到位时,工作台上的挡铁又碰杠杆推动先导阀右移,重复上述换向过程。实现工作台的自动换向。

2. 工作台液动与手动的互锁

工作台液动与手动的互锁是由互锁缸 4 来完成的。当开停阀 3 处于图 8-2-1 所示位置时,互锁缸 4 的活塞在压力油的作用下压缩弹簧并推动齿轮 Z_1 和 Z_2 脱开,这样,当工作台液动(往复运动)时,手轮不会转动。

当开停阀 3 处于左位时,互锁缸 4 通油箱,活塞在弹簧力的作用下带着齿轮 Z_2 移动,Z_2 与 Z_1 啮合,工作台就可用手摇机构摇动。

3. 砂轮架的快速进、退运动

砂轮架的快速进退运动是由手动二位四通换向阀 12(快动阀)来操纵,由快动缸来实现的。在图 8-2-1 所示位置时,快动阀右位接入系统,压力油经快动换向阀 12 右位进入快动缸 14 右腔,砂轮架快进到前端位置,快进终点是靠活塞与缸体端盖相接触来保证其重复定位精度;当快动缸左位接入系统时,砂轮架快速后退到最后端位置。为防止砂轮架在快速运动到达前后终点处产生冲击,在快动缸两端设缓冲装置,并设有抵住砂轮架的闸缸 13,用以消除丝杠和螺母间的间隙。

手动换向阀 12(快动阀)的下面装有一个自动启、闭头架电动机和冷却电动机的行程开关和一个与内圆磨具联锁的电磁铁(图上均未画出)。当手动换向阀 12(快动阀)处于右位使砂轮架处于快进时,手动阀的手柄压下行程开关,使头架电动机和冷却电动机启动。当翻下内圆磨具进行内孔磨削时,内圆磨具压另一行程开关,使联锁电磁铁通电吸合,将快动阀锁住在左位(砂轮架在退的位置),以防止误动作,保证安全。

4. 砂轮架的周期进给运动

砂轮架的周期进给运动是由选择阀 8、进给阀 9、进给缸 10 通过棘爪、棘轮、齿轮、丝杠来完成的。选择阀 8 根据加工需要可以使砂轮架在工件左端或右端时进给,也可在工件两端都进给(双向进给),也可以不进给,共四个位置可供选择。

图 8-2-1 所示为双向进给,周期进给油路如下:压力油从 a_1 点→J_4→进给阀 9 右端;进给阀 9 左端→I_3→a_2→先导阀 1→油箱。进给缸 10→d→进给阀 9→c_1→选择阀 8→a_2→先导阀 1→油箱,进给缸柱塞在弹簧力的作用下复位。当工作台开始换向时,先导阀换

位(左移)使 a_2 点变高压、a_1 点变为低压(回油箱);此时,周期进给油路为:压力油从 a_2 点 →J_3→ 进给阀 9 左端;进给阀 9 右端→I_4→a_1 点 → 先导阀 1 → 油箱,使进给阀右移;与此同时,压力油经 a_2 点 → 选择阀 8→c_1→ 进给阀 9→d→ 进给缸 10,推进给缸柱塞左移,柱塞上的棘爪拨棘轮转动一个角度,通过齿轮等推砂轮架进给一次。在进给阀活塞继续右移时堵住 c_1而打通 c_2,这时,进给缸右端→d→ 进给阀 →c_2→ 选择阀 →a_1→ 先导阀 →a_1'→ 油箱,进给缸在弹簧力的作用下再次复位。当工作台再次换向,再周期进给一次。若将选择阀转到其他位置,如右端进给,则工作台只有在换向到右端才进给一次,其进给过程不再赘述。从上述周期进给过程可知,每进给一次是由一股压力油(压力脉冲)推进给缸柱塞上的棘爪拨棘轮转一角度。调节进给阀两端的节流阀 J_3、J_4,就可调节压力脉冲的时期长短,从而调节进给量的大小。

5. 尾架顶尖的松开与夹紧

尾架顶尖只有在砂轮架处于后退位置时才允许松开。为操作方便,采用脚踏式二位三通阀 11(尾架阀)来操纵,由尾架缸 15 来实现。由图可知,只有当快动阀 12 处于左位、砂轮架处于后退位置、脚踏尾架阀处于右位时,才能有压力油通过尾架阀进入尾架缸推杠杆拨尾顶尖松开工件。当快动阀 12 处于右位(砂轮架处于前端位置)时,油路 L 为低压(回油箱),这时,即使误踏尾架阀 11,也无压力油进入尾架缸 15,顶尖也就不会推出。

尾顶尖的夹紧是靠弹簧力。

6. 抖动缸的功用

抖动缸 6 的功用有两个。第一是帮助先导阀 1 实现换向过程中的快跳;第二是当工作台需要作频繁短距离换向时实现工作台的抖动。

当砂轮作切入磨削或磨削短圆槽时,为提高磨削表面质量和磨削效率,需工作台频繁短距离换向——抖动。这时,将换向挡铁调得很近或夹住换向杠杆,当工作台向左或向右移动时,挡铁带杠杆使先导阀阀芯向右或向左移动一个很小的距离,使先导阀 1 的控制进油路和回油路仅有一个很小的开口。通过此很小开口的压力油不可能使换向阀阀芯快速移动,这时,因为抖动缸柱塞直径很小,所通过的压力油足以使抖动缸快速移动。抖动缸的快速移动推动杠带先导阀快速移动(换向),迅速打开控制油路的进、回油口,使换向阀也迅速换向,从而使工作台作短距离频繁往复换向——抖动。

8.2.3 M1432A 型万能外圆磨床液压系统的特点

由于机床加工工艺的要求,M1432A 型万能外圆磨床液压系统是机床液压系统中要求较高、较复杂的一种。其主要特点如下:

(1) 系统采用节流阀回油节流调速回路,功率损失较小。

(2) 工作台采用了活塞杆固定式双杆液压缸,保证左、右往复运动的速度一致,并使机床占地面积不大。

(3) 本系统在结构上采用了将开停阀、先导阀、换向阀、节流阀、抖动缸等组合一体的操纵箱,使结构紧凑、管路减短、操纵方便,又便于制造和装配修理。此操纵箱属行程制动换向回路,具有较高的换向位置精度和换向平稳性。

8.3 压力机液压系统

8.3.1 概述

　　压力机是一种能完成锻压、冲压、冷挤、校直、折边、弯曲、成形打包等工艺的压力加工机械；它可用于加工金属、塑料、木材、皮革、橡胶等各种材料。具有压力和速度调节范围大、可在任意位置输出全部功率和保持所需的压力等优点，在许多工业部门得到了广泛的应用。压力机的类型很多，其中以四柱式液压机最为典型，通常由横梁、导柱、工作台、滑块和顶出机构等部件组成。结构原理图如图 8-3-1 所示。这种液压机在它的四个立柱之间安置着上、下两个液压缸，上液压缸驱动上滑块，实现"快速下行→慢速加压→保压延时→快速返回→原位停止"的动作循环；下液压缸驱动下滑块，实现"向上顶出→向下退回→原位停止"或"浮动压边下行→停止→顶出"的动作循环，如图 8-3-2 所示。液压机液压系统以压力控制为主，系统具有压力高、流量大、功率大的特点。

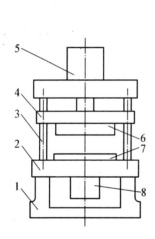

1—床身；2—工作平台；3—导柱；4—上滑块；
5—上缸；6—上滑块模具；7—下滑块模具；8—下缸
图 8-3-1　液压机结构原理图

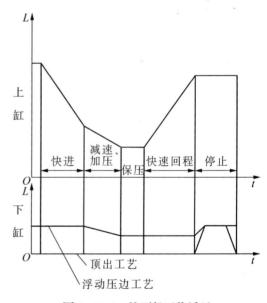

图 8-3-2　液压机工作循环

8.3.2　3 150 kN 通用压力机液压系统工作原理

　　图 8-3-3 所示为 YB32-200 型液压机液压系统图，表 8-3-1 为该型号液压机的液压系统动作循环表。系统有两个泵，主泵 1 是一个高压、大流量恒功率（压力补偿）变量泵，最高工作压力由溢流阀 4 的远程调压阀 5 调定。辅助泵 2 是一个低压小流量泵，用于供应液动阀的控制油，其压力由溢流阀 3 调整。该液压机工作的特点是上缸竖直放置，当上滑块组件没有接触到工件时，系统为空载高速运动；当上滑块接触到工件后，系统压力急剧升高，且上缸的运动速度迅速降低，直至为零，进行保压。

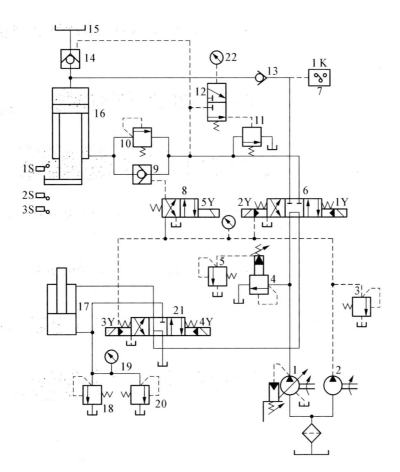

1—主泵；2—辅助泵；3、4、18—溢流阀；5—远程调压阀；6、21—电液换向阀；7—压力继电器；
8—电磁换向阀；9—液控单向阀；10、20—背压阀；11—顺序阀；12—液控滑阀；13—单向阀；
14—充液阀；15—油箱；16—上缸；17—下缸；19—节流器；22—压力表

图 8 - 3 - 3　3 150 kN 通用液压机液压系统图

表 8 - 3 - 1　　　　　　　**3 150 kN 通用液压机液压系统电磁铁动作顺序表**

动 作 程 序		1Y	2Y	3Y	4Y	5Y
上缸	快速下行	+	−	−	−	+
	慢速加压	+	−	−	−	−
	保压	−	−	−	−	−
	泄压回程	−	+	−	−	−
	停止	−	−	−	−	−
下缸	顶出	−	−	+	−	−
	退回	−	−	−	+	−
	压边	+	−	−	−	−
	停止	−	−	−	−	−

1. 液压机上滑块的工作过程

（1）启动

按下启动按钮，主泵 1 和辅助泵 2 同时启动，此时系统中所有电磁阀的电磁铁均处于失电状态，主泵 1 输出的油经电液换向阀 6 的中位及阀 21 的中位流回油箱（处于卸荷状态），辅助泵 2 输出的油液经低压溢流阀 3 流回油箱，系统实现空载启动。

（2）快速下行

泵启动后，按下快速下行按钮，电磁铁 1Y、5Y 得电，电液换向阀 6 右位接入系统，控制油液经电磁换向阀 8 右位使液控单向阀 9 打开，上缸带动上滑块实现空载快速运动。这时，油路的流动情况如下：

进油路：主泵 1→换向阀 6（右位）→单向阀 13→上缸 16（上腔）；

回油路：上缸 16（下腔）→液控单向阀 9→换向阀 6（右位）→换向阀 21（中位）→油箱。

由于上缸竖直安放，上缸滑块在自重作用下快速下降，此时，泵 1 虽处于最大流量状态，但仍不能满足上缸快速下降的流量需要，因而在上缸上腔会形成负压，上部副油箱 15 的油液在一定的外部压力作用下，经液控单向阀 14（充液阀）进入上缸上腔，实现对上缸上腔的补油。

（3）慢速下行接近工件并加压

当上滑块降至一定位置时（事先调好），压下电气行程开关 2S 后，电磁铁 5Y 失电，阀 8 左位接入系统，使液控单向阀 9 关闭，上缸下腔油液经背压阀 10、阀 6 右位、阀 21 中位回油箱。此时，上缸上腔压力升高，充液阀 14 关闭。上缸滑块在泵 1 的压力油作用下慢速接近要压制成形的工件。当上缸滑块接触工件后，由于负载急剧增加，使上腔压力进一步升高，变量泵 1 的输出流量自动减小。这时，油路的流动情况如下：

进油路：主泵 1→换向阀 6（右位）→单向阀 13→上缸 16（上腔）；

回油路：上缸 16（下腔）→背压阀 10→换向阀 6（右位）→换向阀 21（中位）→油箱。

（4）保压

当上缸上腔压力达到预定值时，压力继电器 7 发出信号，使电磁铁 1Y 失电，阀 6 回中位，上缸的上、下腔封闭，由于阀 14 和阀 13 具有良好的密封性能，使上缸上腔实现保压，其保压时间由压力继电器 7 控制的时间继电器调整实现。在上腔保压期间，油泵卸荷，油路的流动情况如下：

主泵 1→换向阀 6（中位）→换向阀 21（中位）→油箱。

（5）泄压、上缸回程

保压过程结束，时间继电器发出信号，电磁铁 2Y 得电，阀 6 左位接入系统。由于上缸上腔压力很高，液动换向阀 12 上位接入系统，压力油经阀 6 左位、阀 12 上位使外控顺序阀 11 开启，此时泵 1 输出油液经顺序阀 11 流回油箱。泵 1 在低压下工作，由于充液阀 14 的阀芯为复合式结构，具有先卸荷再开启的功能，所以，阀 14 在泵 1 较低压力作用下，只能打开其阀芯上的卸荷针阀，使上缸上腔的很小一部分油液经充液阀 14 流回副油箱 15，上腔压力逐渐降低。当该压力降到一定值后，阀 12 下位接入系统，外控顺序阀 11 关闭，泵 1 供油压力升高，使阀 14 完全打开，实现主缸快速回程。这时，油路的流动情况如下：

进油路：泵 1→阀 6（左位）→阀 9→上缸 16（下腔）；

回油路：上缸 16（上腔）→阀 14→上部副油箱 15。

（6）原位停止

当上缸滑块上升至行程挡块压下电气行程开关1S,使电磁铁2Y失电,阀6中位接入系统,液控单向阀9将主缸下腔封闭,上缸在起点原位停止不动,油泵卸荷,油路的流动情况如下:

　　主泵1→换向阀6(中位)→换向阀21(中位)→油箱。

2. 液压机下滑块的工作过程具体如下:

(1) 向上顶出

工件压制完毕后,按下顶出按钮,使电磁铁3Y得电,换向阀21左位接入系统。这时,油路的流动情况如下:

　　进油路:泵1→换向阀6(中位)→换向阀21(左位)→下缸17(下腔);

　　回油路:下缸17(上腔)→换向阀21(左位)→油箱。

下缸17活塞上升,顶出压好的工件。

(2) 向下退回

按下退回按钮。当电磁铁3Y失电,4Y得电。换向阀21右位接入系统,下缸活塞下行,使下滑块退回到原位。这时,油路的流动情况如下:

　　进油路:泵1→换向阀6(中位)→换向阀21(右位)→下缸17(上腔);

　　回油路:下缸17(下腔)→换向阀21(右位)→油箱。

(3) 原位停止

下缸到达下终点后,使所有的电磁铁都断电,各电磁阀均处于原位,泵低压卸荷。

(4) 浮动压边

有些模具工作时需要对工件进行压紧拉伸。当在压力机上用模具作薄板拉伸压边时,要求下滑块上升到一定位置实现上下模具的合模,使合模后的模具既保持一定的压力将工件夹紧,又能使模具随上滑块组件的下压而下降(浮动压边)。这时,换向阀21处于中位,由于上缸的压紧力远远大于下缸往上的上顶力,上缸滑块组件下压时下缸活塞被迫随之下行,下缸下腔油液经节流器19和背压阀20流回油箱,使下缸下腔保持所需的向上的压边压力。调节背压阀20的开启压力大小,即可起到改变浮动压边力大小的作用。下缸上腔则经阀21中位从油箱补油。溢流阀18为下缸下腔安全阀,只有在下缸下腔压力过载时才起作用。

8.3.3　3 150 kN通用压力机液压系统的特点

综上所述,该机液压系统主要由压力控制回路、换向回路、快慢速换接回路和平衡锁紧回路等组成。其主要性能特点如下:

(1) 系统采用高压大流量恒功率(压力补偿)柱塞变量泵供油,通过电液换向阀6、21的中位机能使主泵1空载启动,在上、下液压缸原位停止时主泵1卸荷,利用系统工作过程中压力的变化来自动调节主泵1的输出流量与上缸的运动状态相适应,这样既符合液压机的工艺要求,又节省能量。

(2) 系统利用上滑块的自重实现上液压缸快速下行,并用充液阀14补油,使快速运动回路结构简单,补油充分,且使用的元件少。

(3) 系统采用带缓冲装置的充液阀14、液动换向阀12和外控顺序阀11组成的泄压回路,结构简单,减小了上缸由保压转换为快速回程时的液压冲击,使液压缸运动平稳。

(4) 系统采用单向阀13、充液阀14保压,并使系统卸荷的保压回路在上缸上腔实现保压的同时实现系统卸荷,因此系统节能效果好。

（5）系统采用液控单向阀 9 和内控顺序阀组成的平衡锁紧回路，使上缸滑块在任何位置都能够停止，且能够长时间保持在锁定的位置上。

8.4　汽车起重机液压系统

8.4.1　概述

汽车起重机是一种使用广泛的工程机械，这种机械能以较快速度行走，机动性好，适应性强，自备动力，不需要配备电源，能在野外作业，操作简便灵活，因此在交通运输、城建、消防、大型物料场、基建、急救等领域得到了广泛的使用。在汽车起重机上采用液压起重技术，具有承载能力大，可在有冲击、振动和环境较差的条件下工作。由于系统执行元件需要完成的动作较为简单，位置精度要求较低，所以，系统以手动操纵为主，对于起重机械液压系统，设计中确保工作可靠与安全最为重要。

汽车起重机是用相配套的载重汽车为基本部分，在其上添加相应的起重功能部件，组成完整汽车起重机，并且利用汽车自备的动力作为起重机的液压系统动力；起重机工作时，汽车的轮胎不受力，依靠四条液压支撑腿将整个汽车抬起来，并将起重机的各个部分展开，进行起重作业；当需要转移起重作业现场时，需要将起重机的各个部分收回到汽车上，使汽车恢复到车辆运输功能状态，进行转移。一般的汽车起重机在功能上有以下要求：

（1）整机能方便地随汽车转移，满足其野外作业机动、灵活、不需要配备电源的要求；

（2）当进行起重作业时支腿机构能将整车抬起，使汽车所有轮胎离地，免受起重载荷的直接作用，且液压支腿的支撑状态能长时间保持位置不变，防止起吊重物时出现软腿现象；

（3）在一定范围内能任意调整、平衡、锁定起重臂长度和俯角，以满足不同起重作业要求；

（4）使起重臂在 360°以内能任意转动与锁定；

（5）使起吊重物在一定速度范围内任意升降，并能在任意位置上负重停止，负重启动时，不出现溜车现象。

8.4.2　汽车起重机液压系统工作原理

Q2-8 型汽车起重机是一种中小型起重机（最大起重能力 8 t），该起重机液压系统如图 8-4-1 所示。这种起重机的作业操作，主要通过手动操纵来实现多缸各自动作。起重作业时，一般为单个动作，少数情况下，有两个缸的复合动作，为简化结构，系统采用一个液压泵给各执行元件串联供油方式。在轻载情况下，各串联的执行元件可任意组合，使几个执行元件同时动作，如伸缩和回转，或伸缩和变幅同时进行等。

汽车起重机液压系统中液压泵的动力，都是由汽车发动机通过装在底盘变速箱上的取力箱提供。液压泵为高压定量齿轮泵，由于发动机的转速可以通过油门人为调节控制，因此尽管是定排量泵，但其输出的流量可以在一定的范围内通过控制汽车油门开度的大小来人为控制，从而实现无级调速；该泵的额定压力为 21 MPa，排量为 40 ml/r，额定转速为 1 500 r/min；液压泵通过中心回转接头 9、开关 10 和过滤器 11 从油箱吸油；输出的压力油经回转接头 9、多路换向阀手动阀组 1 和 2 的操作，将压力油串联地输送到各执行元件，当起重

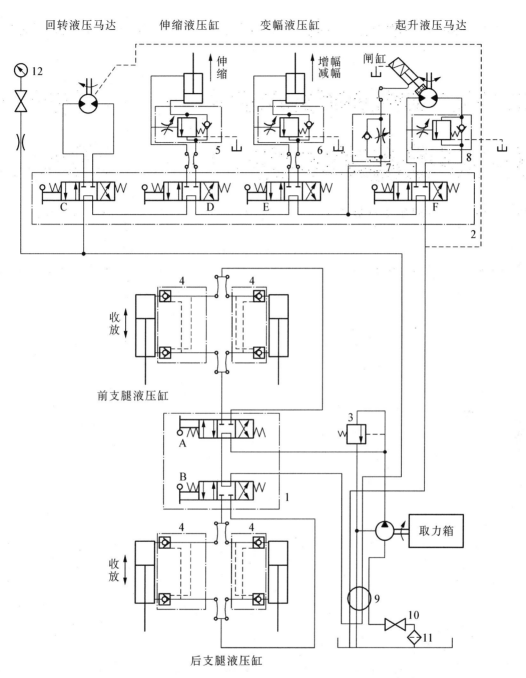

1、2—手动阀组;3—溢流阀;4—双向液压锁;
5、6、8—平衡阀;7—节流阀;9—中心回转接头;10—开关;
11—过滤器;12—压力计;A、B、C、D、E、F—手动换向阀

图 8 - 4 - 1 Q2 - 8 型汽车起重机液压系统图

机不工作时,液压系统处于卸荷状态。液压系统各部分工作的具体情况如下。

1. 支腿缸收放回路

该汽车起重机的底盘前后各有两条支腿,通过机械机构可以使每一条支腿收起和放下。

在每一条支腿上都装着一个液压缸,支腿的动作由液压缸驱动。两条前支腿和两条后支腿分别由多路换向阀1中的三位四通手动换向阀A和B控制其伸出或缩回。换向阀均采用M型中位机能,且油路采用串联方式。确保每条支腿伸出去的可靠性至关重要,因此,每个液压缸均设有双向锁紧回路,以保证支腿被可靠地锁住,防止在起重作业时发生"软腿"现象或行车过程中支腿自行滑落。此时,系统中油液的流动情况如下:

前支腿

进油路:取力箱→液压泵→多路换向阀1中的阀A(左位或右位)→两个前支腿缸进油腔(阀A左位进油,前支腿放下;阀A右位进油,前支腿收回);

回油路:两个前支腿缸回油腔→多路换向阀1中的阀A(左位或右位)→阀B(中位)→中心回转接头9→多路换向阀2中阀C、D、E、F的中位→中心回转接头9→油箱。

后支腿

进油路:取力箱→液压泵→多路换向阀1中的阀A(中位)→阀B(左位或右位)→两个后支腿缸进油腔(阀B左位进油,后支腿放下;阀B右位进油,后支腿收回);

回油路:两个后支腿缸回油腔→多路换向阀1中的阀B(左位或右位)→中心回转接头9→多路换向阀2中阀C、D、E、F的中位→中心回转接头9→油箱。

前、后四条支腿可以同时收和放,当多路换向阀1中的阀A和B同时左位工作时,四条支腿都放下;阀A和B同时右位工作时,四条支腿都收回;当多路换向阀1中的阀A左位工作、阀B右位工作时,前支腿放下,后支腿收回;当多路换向阀1中的阀A右位工作、阀B左位工作时,前支腿收回,后支腿放下。

2. 吊臂回转回路

吊臂回转机构采用液压马达作为执行元件。液压马达通过蜗轮蜗杆减速箱和一对内啮合的齿轮传动来驱动转盘回转。由于转盘转速较低,仅为1~3 r/min,故液压马达的转速也不高,因此没有必要设置液压马达制动回路。系统中用多路换向阀2中的一个三位四通手动换向阀C来控制转盘正、反转和锁定不动三种工况。此时,系统中油液的流动情况如下:

进油路:取力箱→液压泵→多路换向阀1中的阀A、阀B中位→中心回转接头9→多路换向阀2中的阀C(左位或右位)→回转液压马达进油腔;

回油路:回转液压马达回油腔→多路换向阀2中的阀C(左位或右位)→多路换向阀2中的阀D、E、F的中位→中心回转接头9→油箱。

3. 伸缩回路

起重机的吊臂由基本臂和伸缩臂组成,伸缩臂套在基本臂之中,用一个由三位四通手动换向阀D控制的伸缩液压缸来驱动吊臂的伸出和缩回。为防止因自重而使吊臂下落,油路中设有平衡回路。此时,系统中油液的流动情况如下:

进油路 取力箱→液压泵→多路换向阀1中的阀A、阀B中位→旋转接头9→多路换向阀2中的阀C中位→换向阀D→伸缩缸进油腔;

回油路 伸缩缸回油腔→多路换向阀2中的阀D→多路换向阀2中的阀E、F的中位→旋转接头9→油箱。

4. 变幅回路

吊臂变幅是用一个液压缸来改变起重臂的角度。变幅液压缸由三位四通手动换向阀E

控制。同理,为防止在变幅作业时因自重而使吊臂下落,在油路中设有平衡回路。这时,油路的流动情况如下:

进油路:取力箱→液压泵→多路换向阀1中的阀A、阀B中位→中心回转接头9→阀C中位→阀D中位→阀E(左位或右位)→变幅缸进油腔;

回油路:变幅缸回油腔→阀E(左位或右位)→阀F中位→中心回转接头9→油箱。

当多路换向阀2中的阀E左位工作时,变幅缸上腔进油,缸减幅;阀E右位工作时,变幅缸下腔进油,缸增幅。

5. 起降回路

起降机构是汽车起重机的主要工作机构,它由一个低速大转矩定量液压马达来带动卷扬机工作。液压马达的正、反转由三位四通手动换向阀F控制。起重机起升速度的调节是通过改变汽车发动机的转速从而改变液压泵的输出流量和液压马达的输入流量来实现的。在液压马达的回油路上设有平衡回路,以防止重物自由落下。在液压马达上还设有单向节流阀的平衡回路,以防止重物自由落下。此外,在液压马达上还设有由单向节流阀和单作用闸缸组成的制动回路,当系统不工作时,通过闸缸中的弹簧力实现对卷扬机的制动,防止起吊重物下滑。当起重机负重起吊时,利用制动器延时张开的特性,可以避免卷扬机起吊时发生溜车下滑现象。这时,油路的流动情况如下:

进油路:取力箱→液压泵→多路换向阀1中的阀A、阀B中位→中心回转接头9→阀C中位→阀D中位→阀E中位→阀F(左位或右位)→卷扬机液压马达进油腔;

回油路:卷扬机液压马达回油腔→阀F(左位或右位)→中心回转接头9→油箱。

Q2-8型汽车起重机液压系统的工作情况见表8-4-1。

表8-4-1　　　　　Q2-8型汽车起重机液压系统的工作情况

手动阀位置						系统工作情况						
阀1	阀2	阀3	阀4	阀5	阀6	前支腿液压缸	后支腿液压缸	回转液压马达	伸缩液压缸	变幅液压缸	起升液压马达	制动液压缸
左位	中位	中位	中位	中位	中位	伸出	不动	不动	不动	不动	不动	制动
右位	中位	中位	中位	中位	中位	缩回	不动	不动	不动	不动	不动	制动
中位	左位	中位	中位	中位	中位	不动	伸出	不动	不动	不动	不动	制动
中位	右位	中位	中位	中位	中位	不动	缩回	不动	不动	不动	不动	制动
中位	中位	左位	中位	中位	中位	不动	不动	正转	不动	不动	不动	制动
中位	中位	右位	中位	中位	中位	不动	不动	反转	不动	不动	不动	制动
中位	中位	中位	左位	中位	中位	不动	不动	不动	缩回	不动	不动	制动
中位	中位	中位	右位	中位	中位	不动	不动	不动	伸出	不动	不动	制动
中位	中位	中位	中位	左位	中位	不动	不动	不动	不动	减幅	不动	制动
中位	中位	中位	中位	右位	中位	不动	不动	不动	不动	增幅	不动	制动
中位	中位	中位	中位	中位	左位	不动	不动	不动	不动	不动	正转	松开
中位	中位	中位	中位	中位	右位	不动	不动	不动	不动	不动	反转	松开

8.4.3 汽车起重机液压系统的特点

从图 8-4-1 可以看出,该液压系统由调压、调速、换向、锁紧、平衡、制动、多缸卸荷等基本回路组成,其性能特点如下:

(1) 在调压回路中,采用安全阀来限制系统最高工作压力,防止系统过载,对起重机实现超重起吊安全保护作用。

(2) 在调速回路中,采用手动调节换向阀的开度大小来调整工件机构(起降机构除外)的速度,方便灵活,充分体现以人为本,用人来直接操纵设备的思想。

(3) 在锁紧回路中,采用由液控单向阀构成的双向液压锁将前后支腿锁定在一定位置上,工作可靠,安全,确保整个起吊过程中,每条支腿都不会出现软腿的现象,即使出现发动机死火或液压管道破裂的情况,双向液压锁仍能正常工作,且有效时间长。

(4) 在平衡回路中,采用经过改进的单向液控顺序阀作平衡阀,以防止在起升、吊臂伸缩和变幅作业过程中因重物自重而下降,且工作稳定、可靠,但在一个方向有背压,会对系统造成一定的功率损耗。

(5) 在多缸卸荷回路中,采用多路换向阀结构,其中的每一个三位四通手动换向阀的中位机能都为 M 型中位机能,并且将阀在油路中串联起来使用,这样可以使任何一个工作机构单独动作;这种串连结构也可在轻载下使机构任意组合地同时动作;但采用 6 个换向阀串联连接,会使液压泵的卸荷压力加大,系统效率降低,但由于起重机不是频繁作业机械,这些损失对系统的影响不大。

(6) 在制动回路中,采用由单向节流阀和单作用闸缸构成的制动器,利用调整好的弹簧力进行制动,制动可靠、动作快,由于要用液压缸压缩弹簧来松开刹车,因此刹车松开的动作慢,可防止负重起重时的溜车现象发生,能够确保起吊安全,并且在汽车发动机死火或液压系统出现故障时,能够迅速实现制动,防止被起吊的重物下落。

小 结

本章介绍的典型的液压传动系统是在现有的液压设备中选出的几个有代表性的液压传动系统。通过前面基本回路的学习,结合本章典型液压系统的读图方法和分析步骤,要求能读懂一般的液压系统实例,能基本分析系统的特点和各种元件在系统中的作用。在明确机械设备工作要求的前提下,了解并掌握其液压传动是怎样实现的,即掌握几种典型的液压系统的工作原理。同时,通过对典型系统的学习和分析,为分析、设计、应用液压传动系统打下必要的基础。

习 题

1. 如题 8-1 图所示为专用铣床液压系统,要求机床工作台一次可安装两支工件,并能同时加工。工件的上料、卸料由手工完成,工件的夹紧及工作台进给运动由液压系统完成。机床的工作循环为"手工上料 → 工件自动夹紧 → 工作台快进 → 铣削进给 → 工作台快退 → 夹具松开 → 手工卸料"。分析系统,回答下列问题:

（1）填写电磁铁动作顺序表。

（2）系统由哪些基本回路组成？

（3）哪些工况由双泵供油？哪些工况由单泵供油？

（4）说明元件 6、7 在系统中的作用。

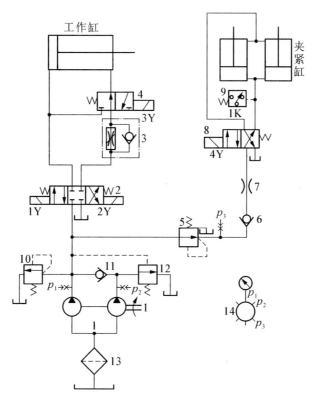

1—双联叶片泵；2、4、8—换向阀；3—单向调速阀；5—减压阀；6、11—单向阀；
7—节流阀；9—压力继电器；10—溢流阀；12—外控顺序阀；13—过滤器；14—压力表开关

题 8-1 图

2. 试根据题 8-2 图所示的液压系统图和动作循环表中的提示将动作循环表填写完整，并讨论系统的特点。

动作名称	电气元件状态							备注
	1Y	2Y	3Y	4Y	5Y	6Y	YJ	
定位夹紧								1）Ⅰ、Ⅱ两个回路各自进行独立循环动作，互不约束； 2）12Y、22Y 中任何一个通电时，1Y 便通电；12Y、22Y 均断电时，1Y 才断电。
快　进								
工进卸荷(低)								
快　退								
松开拔销								
原位卸荷(低)								

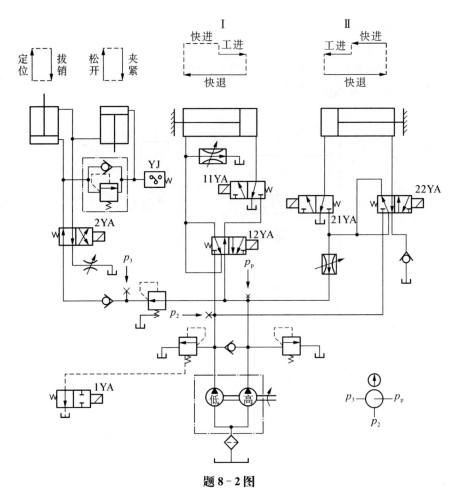

题 8－2 图

3. 如题 8－3 图所示为液压绞车闭式液压系统,试分析:

(1) 辅助泵 3 的作用和选用原则;

(2) 单向阀 4、5、6、7 的作用;

(3) 梭阀 11 的作用;

(4) 压力阀 8、9、10 的作用及其调定压力之间的关系。

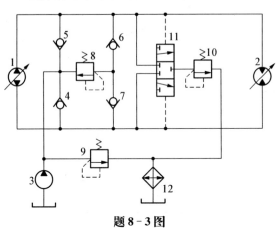

题 8－3 图

9 气压传动基础知识

气压传动是指以压缩空气为工作介质来进行能量传递的一种传动形式。由于它具有防火、防爆、节能、无污染等优点，因此，气动技术已广泛应用于国民经济的各个部门，特别是在工业机械手、高速机械手等自动化控制系统中的应用越来越多。

【本章学习目标】
1. 掌握气压传动的组成、工作原理及特点；
2. 了解空气的基本性质和流动规律。

9.1 气压传动系统的组成及工作原理

气压传动是以压缩空气为工作介质进行能量传递和控制的一门技术。气压传动的工作原理是利用空气压缩机把电动机或其他原动机输出的机械能转换为空气的压力能，然后在控制元件的作用下，通过执行元件把压力能转换为直线运动或回转运动形式的机械能，从而

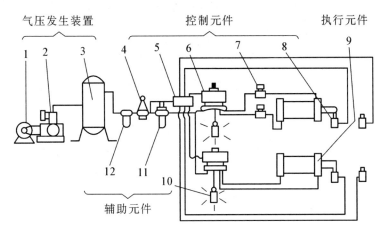

1—电动机；2—空气压缩机；3—气罐；4—压力控制阀；5—逻辑元件；6—方向控制阀；
7—流量控制阀；8—行程阀；9—气缸；10—消音器；11—油雾器；12—分水滤气器

图 9 - 1 - 1 气压传动系统的组成

完成各种动作,并对外做功。由此可知,气压传动系统与液压传动系统类似,也是由五部分组成的,如图 9 - 1 - 1 所示。

1. 气源装置

是获得压缩空气的装置。其主体部分是空气压缩机,它将原动机供给的机械能转变为气体(工作介质)的压力能。

2. 控制元件

是用来控制压缩空气的压力、流量和流动方向的,以便使执行机构完成预定的工作循环,它包括各种压力控制阀、流量控制阀和方向控制阀等。

3. 执行元件

是将气体的压力能转换成机械能的一种能量转换装置。它包括实现直线往复运动的气缸和实现连续回转运动或摆动的气马达或摆动马达等。

4. 辅助元件

是保证压缩空气的净化、元件的润滑、元件间的连接及消声等所必需的元件,包括过滤器、油雾器、管接头及消声器等。

5. 工作介质

经除水、除油、过滤后的压缩空气。

9.2 气压传动的特点及应用

9.2.1 气压传动的特点

气动技术在国外发展很快,在国内也被广泛应用于机械、电子、轻工、纺织、食品、医药、包装、冶金、石化、航空、交通运输等各个工业部门。气动机械手、组合机床、加工中心、生产自动线、自动检测和实验装置等已大量涌现,它们在提高生产效率、自动化程度、产品质量、工作可靠性和实现特殊工艺等方面显示出极大的优越性。气压传动与机械、电气、液压传动相比有以下特点(表 9 - 2 - 1)。

表 9 - 2 - 1 气压传动与其他传动的性能比较

类　型		操作力	动作快慢	环境要求	构造	负载变化影响	操作距离	无级调速	工作寿命	维护	价格
气压传动		中等	较快	适应性好	简单	较 大	中距离	较好	长	一般	便宜
液压传动		最大	较慢	不怕振动	复杂	有一些	短距离	良好	一般	要求高	稍贵
电传动	电气	中等	快	要求高	稍复杂	几乎没有	远距离	良好	较短	要求较高	稍贵
	电子	最小	最快	要求特高	最复杂	没有	远距离	良好	短	要求更高	最贵
机械传动		较大	一般	一般	一般	没有	短距离	较困难	一般	简单	一般

1. 气压传动的优点

(1) 工作介质是空气,与液压油相比可节约能源,而且取之不尽、用之不竭。气体不易堵塞流动通道,使用之后,可将其随时排入大气中,不污染环境。

(2) 空气的特性受温度影响小。在高温下能可靠地工作,不会发生燃烧或爆炸,且温度变化对空气的粘度影响极小,故不会影响传动性能。

(3) 空气的粘度很小(约为液压油的万分之一),所以流动阻力小,在管道中流动的压力损失较小,便于集中供应和远距离输送。

(4) 相对液压传动而言,气压传动动作迅速,反应快,一般只需 $0.02\sim0.3$ s 就可达到工作压力和速度。液压油在管路中流动速度一般为 $1\sim5$ m/s,而气体的流速最小也大于 10 m/s,有时甚至达到音速,排气时,还可达到超音速。

(5) 气体压力具有较强的自保持能力,即使压缩机停机,关闭气阀,但装置中仍然可以维持一个稳定的压力。液压系统要保持压力,一般需要能源泵持续工作或另加蓄能器,而气体通过自身的膨胀性可维持承载缸的压力基本不变。

(6) 气动元件可靠性高,寿命长。电气元件可运行百万次,而气动元件可运行 $2\,000\sim4\,000$ 万次。

(7) 工作环境适应性好,特别是在易燃、易爆、多尘、强磁、辐射、振动等恶劣环境中,比液压、电子、电气传动和控制优越。

(8) 气动装置结构简单,成本低,维护方便,具有过载自动保护功能。

2. 气压传动的缺点

(1) 由于空气的可压缩性较大,气动装置的动作稳定性较差,外载荷变化时,对工作速度的影响较大;

(2) 由于工作压力低,气动装置的输出力或力矩受到限制。在结构尺寸相同的情况下,气压传动装置比液压传动装置输出的力要小得多,一般为 $10\sim40$ kN;

(3) 气动装置中的信号传动速度比光、电控制速度慢,所以不宜用于信号传递速度要求十分高的复杂线路中。同时,实现生产过程的遥控也比较困难,但对一般的机械设备,气动信号的传递速度是能满足工作要求的;

(4) 噪声较大,尤其是在超音速排气时,要加消声器。

9.2.2 气动技术的应用和发展

目前,气动技术已广泛应用于国民经济的各个部门,而且应用范围越来越广。

(1) 在食品加工和包装工业中,气动技术因其卫生、可靠和经济得到广泛应用,如在收割芦笋之后,采用气动技术可以对其进行剥皮,并轻轻除去其中的苦纤维,而不损伤可口的笋尖。在饮料厂和酒厂里,气动系统完成对玻璃瓶的抓取功能时,可以实现软抓取,即使玻璃瓶比允许误差大,它也不会被抓碎。这主要是由于气缸中的空气是可压缩的,其作用就像缓冲垫一样,气爪可以简单地调整至不同尺寸大小,以免引起玻璃瓶破裂。当然,这种优点可以适用于整个玻璃制品生产,玻璃制品生产也是气动技术应用的另一个领域。

(2) 绝大多数具有管道生产流程的各生产部门都可以采用气动,如有色金属冶炼工业,在冶炼过程中,温度高、灰尘多的场合往往不宜采用电机驱动或液压传动,采用气动就比较安全可靠,如高炉炉门的启闭常由气动完成。

(3) 在轻工业中,电气控制和气动控制一样应用,功能大致相等。凡输出力要求不大、动作平稳性或控制精度要求不太高的场合,均可以采用气动,成本比电气装置要低得多。对黏稠液体(如牙膏、化妆品、油漆、油墨等)进行自动计量灌装时采用气动,不仅能提高工效,减轻劳动强度,而且因有些液体具有易挥发性和易燃性,采用气动控制比较安全。对于制药工业、卷烟工业等领域,气动由于其不污染性而具有更强的优势,有广泛的应用前景。

(4) 在军事工业中,气动也得到了广泛应用。因电子装置在没有冷却下很难在 300℃ 以上的高温条件下工作,故现代飞机、火箭、导弹、鱼雷等自动装置大多是气动的,因为以压缩空气作为动力能源,其体积小,重量轻,甚至比具有相同能量的电池体积还小还轻,且不怕电子干扰。

9.3 空气的基本性质

9.3.1 空气的组成和性质

空气主要成分有氮气、氧气和一定量的水蒸气。

含水蒸气的空气称为湿空气,不含水蒸气的空气称为干空气。

一般来说,我们要了解空气的以下性质和内容:

1. 空气的密度

单位体积内空气的质量:

$$\rho = \frac{m}{V}$$

对于干空气

$$\rho = \frac{\rho_0 \times 273}{273 + t} \times \frac{p}{0.1013}$$

式中　m,V——分别为气体的质量和体积;

　　　ρ_0——基准状态下干空气的密度, $\rho_0 = 1.293 \text{ kg/m}^3$;

　　　p——绝对压力(MPa);

　　　$(273 + t)$——热力学温度(K)。

2. 空气的粘性

气体在流动过程中,空气质点之间相对运动产生阻力的性质叫气体的粘性。气体的粘性主要受温度变化的影响,将随温度的升高而升高;而压力对其影响很小。空气较液体的粘性小很多。

3. 空气具有一定的压缩性和膨胀性

空气的体积随压力和温度的变化而变化,分别表征为压缩性和膨胀性。而空气的压缩性和膨胀性远大于固体和液体的压缩性和膨胀性。

4. 空气的湿度

空气中所含水分的程度用湿度和含湿量来表示。湿度的表示方法有绝对湿度和相对湿度之分。

5. 压缩空气

压缩空气一旦冷却下来,相对湿度将大大增加,当温度降到露点以后,水蒸气就要凝析出来。

9.3.2 理想气体的状态方程

1. 理想气体的状态方程

不计粘性的气体称为理想气体。空气可视为理想气体。一定质量的理想气体在状态变化的瞬间,有如下气体状态方程成立:

$$\frac{pV}{T} = 常量 \qquad 或 \qquad p = \rho RT$$

式中　p——绝对压力(Pa);

　　　V——气体体积(m^3);

　　　T——热力学温度(K);

　　　ρ——气体的密度(kg/m^3);

　　　R—— 气体常数($N \cdot m/(kg \cdot K)$),对于干空气,$R = 287.1(N \cdot m/(kg \cdot K))$。

2. 气体状态变化过程

气体从状态 1 变化到状态 2 叫气体的状态变化。在变化以后或在变化过程中,当处于平衡状态时,这些参数都应服从状态方程。

(1) 等温过程

$$p_1 V_1 = p_2 V_2 = 常量$$

在等温过程中,无内能变化,加入系统的热量全部变成气体所做的功。在气动系统中,气缸工作、管道输送空气等均可视为等温过程。

(2) 绝热过程　一定质量的气体和外界没有热量交换时的状态变化过程叫做绝热过程。

$$p_1 V_1^k = p_2 V_2^k = 常量$$

式中,k 为绝热指数,对空气来说,$k = 1.4$。

气动系统中快速充、排气过程可视为绝热过程。

(3) 等容过程　一定质量的气体,在体积不变的条件下,所进行的状态变化过程。

$$\frac{p_1}{T_1} = \frac{p_2}{T_2} = 常量$$

在等容过程中,气体对外不做功,气体随温度升高,压力增加,系统内能增加。

(4) 等压变化过程　一定质量的气体,在状态变化过程中其压力始终保持不变的过程。

$$\frac{V_1}{T_1} = \frac{V_2}{T_2} = 常量$$

压力不变时,气体温度上升必然导致体积膨胀,温度下降导致体积缩小。

小　结

本章主要讲述了气压传动组成、特点及工作原理,并介绍了空气的基本性质。限于篇幅,在此只是做了简单介绍,感兴趣的读者可参阅书后所列有关文献或专著,了解更多的关于气体的理论。

习　题

1. 简述气压传动的组成。
2. 与其他传动方式相比,气压传动有什么优点和缺点?
3. 空气具有哪些基本性质?
4. 空气与液压油的粘度随温度变化的规律有什么不同? 为什么?

10 气源装置及辅助装置

向气动系统提供压缩空气的装置称为气源装置。其主体是空气压缩机,由空气压缩机产生的压缩空气,因含有过量的杂质、水分及油分,不能直接使用,必须经过降温、除尘、除油、除水等一系列处理后才能用于气动系统。

【本章学习目标】
1. 掌握空气压缩机的工作原理及选用原则;
2. 掌握气源净化装置的组成及各部分功能;
3. 了解气动辅件的种类及应用。

10.1 气源装置

气源装置是用来产生具有足够压力和流量的压缩空气并将其净化、处理及贮存的一套装置。它是气动系统的重要组成部分。气动系统对压缩空气的主要要求是具有一定压力和流量,并具有一定的净化程度。

气源装置一般由以下四个部分组成:

(1) 气压发生装置——空气压缩机;

(2) 净化、贮存压缩空气的装置和设备;

(3) 管道系统;

(4) 气动三大件。

往往将(1)、(2)部分设备布置在压缩空气站内,作为工厂或车间统一的气源,如图10-1-1所示。空气压缩机1用以产生压缩空气,一般由电动机带动。其吸气口装有空气过滤器,以减少进入空气压缩机气体的杂质的量。后冷却器2用以降温冷却压缩空气,使汽化的水、油凝结出来。油水分离器3用以分离并排出降温冷却凝结的水滴、油滴、杂质等。贮气罐4和7用以贮气压缩空气,稳定压缩空气的压力,并除去部分油分和水分。干燥器5用以进一步吸收或排除压缩空气中的水分及油分,使之变成干燥空气。过滤器6用以进一步过滤压缩空气中的灰尘、杂质颗粒。贮气罐4输出的压缩空气可用于一般要求的气压传动系统,贮气罐7输出的压缩空气可用于要求较高的气压传动系统。

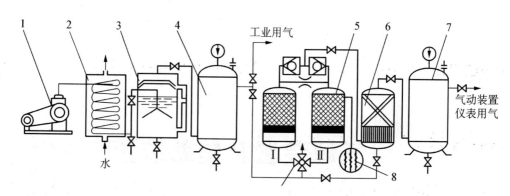

1—空气压缩机；2—后冷却器；3—油水分离器；4、7—贮气罐；5—干燥器；
6—过滤器；8—加热器；9—四通阀

图 10-1-1 气源装置示意图

10.1.1 气压发生装置

1. 空气压缩机的分类

空气压缩机是一种气压发生装置，它是将机械能转换成气体压力能的转换装置。空气压缩机种类很多，按工作原理划分可分为容积型压缩机和速度型压缩机两类。

容积型空气压缩机是通过机件的运动，使容积发生周期性的变化，从而完成对空气的吸入和压缩过程的。容积式空气压缩机又有几种不同的结构形式，其中最常用的是活塞式空气压缩机。

按输出压力分为低压压缩机（$0.2\,\mathrm{MPa} < p < 1\,\mathrm{MPa}$）、中压压缩（$1\,\mathrm{MPa} < p \leqslant 10\,\mathrm{MPa}$）、高压压缩机（$10\,\mathrm{MPa} < p < 100\,\mathrm{MPa}$）、超高压压缩机（$p \geqslant 100\,\mathrm{MPa}$）。

按润滑方式分为油润滑空压机（采用润滑油润滑，结构中有专门的供油系统）和无油润滑空压机（不采用润滑油润滑，零件采用自润滑材料制成。如采用无油润滑的活塞式空压机中的活塞组件）。

2. 空气压缩机的工作原理

在容积式空气压缩机中，最常用的是活塞式空气压缩机。图 10-1-2 所示为单缸活塞式空气压缩机的工作原理。曲柄 8 作回转运动，通过连杆 7、滑块 5，在滑道 6 内移动，带动活

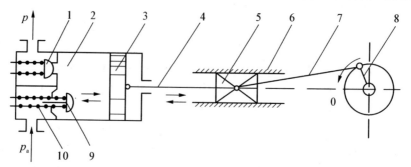

1—气阀；2—气缸；3—活塞；4—活塞杆；5—滑块；6—滑道；7—连杆；
8—曲柄；9—吸气阀；10—弹簧

图 10-1-2 单缸活塞式空气压缩机的工作原理

塞杆 4、气缸活塞 3 作直线往复运动；当活塞 3 向右运动时，气缸 2 左腔容积增大，形成局部真空，在大气压的作用下，吸气阀 9 打开，大气进入气缸 2 左腔，此过程为吸气过程；当活塞向左运动时，气缸 2 左腔气体被压缩，压力升高，吸气阀 9 关闭，排气阀 1 打开，压缩空气排出，此过程为排气过程。这样循环往复运动，不断产生压缩空气，为系统提供连续的高压空气。但大多数空气压缩机是多缸多活塞组合而成，单位时间内输出更多的压缩空气。

3. 空气压缩机的选用原则

选择空气压缩机的根据是气压传动系统所需要的工作压力和流量两个主要参数。

一般空气压缩机为中压空气压缩机，额定排气压力为 1 MPa。还有低压空气压缩机，额定排气压力为 0.2 MPa；高压空气压缩机，额定排气压力为 10 MPa。

输出流量的选择，要根据整个气动系统对压缩空气的需要再加一定的备用余量，作为选择空气压缩机流量的依据。

10.1.2 压缩空气的净化装置和设备

1. 气动系统对压缩空气质量的要求

压缩空气要具有一定的压力和足够的流量，具有一定的净化程度。不同的气动元件对杂质颗粒的大小有具体的要求。

混入压缩空气中的油分、水分、灰尘等杂质在气动传动中会产生不良影响。

（1）混入压缩空气的油蒸汽可能聚集在贮气罐、管道等处形成易燃物，有引起爆炸的危险，另一方面，润滑油被汽化后会形成一种有机酸，对金属设备有腐蚀生锈的作用，影响设备寿命。

（2）混在压缩空气中的杂质沉积在元件的通道内，减小了通道面积，增加了管道阻力。严重时，会产生阻塞，使气体压力信号不能正常传递，使系统工作不稳定甚至失灵。

（3）压缩空气中含有的饱和水分，在一定条件下会凝结成水并聚集在个别管段内。在北方的冬天，凝结的水分会使管道及附件结冰而损坏，影响气动装置正常工作。

（4）压缩空气中的灰尘等杂质对运动部件会产生研磨作用，使这些元件因漏气增加而效率降低，影响它们的使用寿命。

因此，必须要设置除油、除水、除尘并使压缩空气干燥的提高压缩空气质量、进行气源净化处理的辅助设备。

2. 压缩空气净化设备

一般包括后冷却器、油水分离器、贮气罐、干燥器。

（1）后冷却器　安装在空气压缩机出口管道上，将空气压缩机排出的具有 140℃～170℃ 的压缩空气降至 40℃～50℃，这样，压缩空气中的油雾和水气亦凝析出来。冷却方式有水冷和气冷式两种。后冷却器的结构形式有：蛇形管式、列管式、套管式、散热片式。图 10-1-3 所示为蛇管式冷却器的结构示意图。压缩空气在管内流动，冷却水在管外水

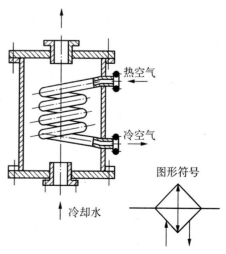

图 10-1-3　蛇管式后冷却器

套中流动,在管道壁面进行热交换。

(2) 油水分离器 安装在后冷却器后的管道上,作用是分离压缩空气中所含的水分、油分等杂质,使压缩空气得到净化。主要利用回转离心、撞击、水浴等方法使水滴、油滴及其他杂质颗粒从压缩空气中分离出来。其结构形式有环型回转式、撞击折回式、离心旋转式和水浴式等。图 10 - 1 - 4 所示为撞击折回并回转式除油器。压缩空气自入口进入后,因撞击隔板而折回向下,继而又回升向上,形成回转环流,使水滴、油滴和杂质在离心力和惯性力作用下,从空气中分离出来,并沉降在低部,通过低部阀门排出,初步净化的空气从出口送往贮气罐。

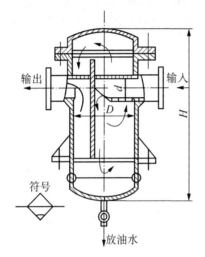

图 10 - 1 - 4 撞击折回并回转式除油器

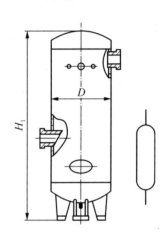

图 10 - 1 - 5 贮气罐

(3) 贮气罐的主要作用是贮存一定数量的压缩空气,减少气流脉动,减弱气流脉动引起的管道振动,进一步分离压缩空气的水分和油分。如图 10 - 1 - 5 所示。

(4) 干燥器的作用是进一步除去压缩空气中含有的水分、油分、颗粒杂质等,使压缩空气干燥,用于对气源质量要求较高的气动装置、气动仪表等。主要采用吸附、离心、机械降水及冷冻等方法。

10.1.3 管道系统

管道系统的布置应根据现场实际情况因地制宜地安排,尽量与其他管网、电线等统一协调布置。为保证可靠供气,可采用多种供气网络。如遇管道过长,可在靠近用气点的供气管道中安装一个适当的贮气罐,以满足大的间断供气量,避免过大的压降。

10.1.4 气动三大件

分水过滤器,减压阀,油雾器一起称为气动三大件。气动三大件是压缩空气质量的最后保证。其中分水过滤器的作用是除去空气中的灰尘、杂质,并将空气中的水分分离出来。减压阀起减压和稳压作用。油雾器是一种特殊的注油装置。当压缩空气流过时,它将润滑油喷射成雾状,随压缩空气一起流进需要润滑的部件,达到润滑的目的。

图 10 - 1 - 6 所示为普通油雾器的结构原理图,在油雾器的气流通道中有一个立杆 1,立

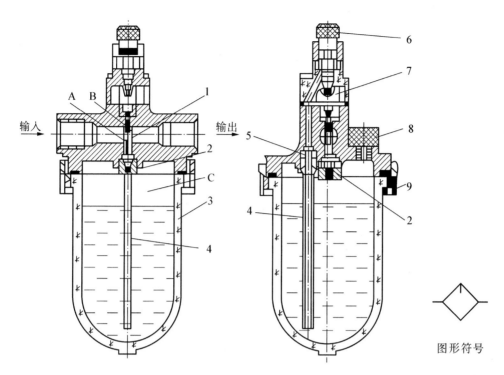

1—立杆;2—截止阀;3—储油杯;4—吸油管;5—单向阀;
6—节流阀;7—视油器;8—油塞;9—螺母

图 10-1-6　油雾器

杆上有两个通道口,上面背向气流的是喷油口 B,下面正对气流的是油面加压通道口 A。其工作原理为,压缩空气从输入口进入后,一小部分进入 A 口的气流经加压通道至截止阀 2,在压缩空气刚进入时,钢球被压在阀座上,但钢球与阀座密封不严,有点漏气(将截止阀 2 打开),可使储油杯 3 上腔 C 的压力逐渐升高,使杯内油面受压,迫使储油杯内的油液经吸油管 4、单向阀 5 和节流阀 6 滴入透明视油器 7 内,然后从喷油口 B 被主气道中的气流引射出来,在气流气动力和油粘性力对油滴的作用下,润滑油雾化后随气流从输出口输出。节流阀 6 用来调节滴油量,滴油量可在 0~200 滴/min 内变化。

10.2　气　动　辅　件

气动控制系统中,许多辅助元件往往是不可缺少的,如消声器、管道、接头等。

10.2.1　消声器

气缸、气阀等工作时排气速度较高,气体体积急剧膨胀,会产生刺耳的噪声。噪声的强弱随排气的速度、排气量和空气通道的形状而变化。排气的速度和功率越大,噪声也越大。为了降低噪声,可以在排气口装设消声器。

消声器就是通过阻尼或增加排气面积来降低排气的速度和功率,从而降低噪声的。气

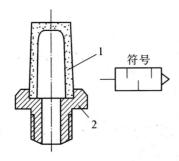

1—消声套；2—连接螺纹

图 10-2-1 吸收型消声器

动元件上使用的消声器的类型有吸收型、膨胀干涉型和膨胀干涉吸收型三种。其中吸收型消声器是目前应用最广泛的一种。如图 10-2-1 所示。消声套由聚苯乙烯颗粒或钢珠烧结而成，气体通过消声套排出，气流受到阻力，声波被吸收一部分转化为热能，从而降低了噪声。此类消声器用于消除中、高频噪声，可降噪约 20 dB，在气动系统中应用最广。

10.2.2 管道连接件

管道连接件包括管子和各种管接头。有了管路连接，才能把气动元件、气动执行元件以及辅助元件等连接成一个完整的气动系统。

管子可分为硬管和软管两种。一些固定不动的、不需要经常装拆的地方使用硬管；连接运动部件、希望装拆方便的管路用软管。常用的硬管是紫铜管，软管是尼龙管。

气动系统中使用的管接头的结构及工作原理与液压管接头基本相似，分为卡套式、扩口螺纹式、卡箍式、插入快换式等。

小 结

气源装置是用来产生具有足够压力和流量的压缩空气并将其净化、处理及贮存的一套装置。本章主要讲述了气压发生装置（空气压缩机）和净化、贮存压缩空气的装置和设备（冷却器、油水分离器、贮气缸等），简单介绍了气动辅件（消声器等）的功能。

习 题

1. 气源为什么要净化？气源装置主要由哪些元件组成？
2. 简述活塞式空气压缩机的工作原理。
3. 空气过滤器的工作原理是什么？
4. 贮气罐的作用是什么？
5. 简述油雾器的工作原理。油雾器为什么能在不停气情况下加油？

气缸与气马达

气缸和气马达是气压传动中所用的执行元件,是将压缩空气的压力能转变为机械能的能量转换装置。气缸用于实现直线往复运动或摆动,气马达则用于实现连续回转运动。

【本章学习目标】

    1. 掌握常用气缸的工作原理及应用;

    2. 了解特殊气缸的工作原理及应用;

    3. 掌握气缸选用的基本方法;

    4. 掌握气马达的工作原理及应用。

11.1 气　　缸

气缸是气动系统中最常用的一种执行元件。与液压缸相比,它具有结构简单、制造成本低、污染少、便于维修、动作迅速等优点,但由于推力小,所以广泛用于轻载系统。

11.1.1 气缸的分类

根据使用条件不同,其结构形状也有多种方式,分类方法也很多,常用的有以下几种:

1. 按空气作用在活塞上的方向不同,可分为单作用气缸和双作用气缸。

2. 按结构不同,可分为活塞式气缸、柱塞式气缸、叶片式气缸、薄膜式气缸及气-液阻尼气缸等。

3. 按安装方式不同,可分为耳座式、法兰式、轴销式和凸缘式。

4. 按气缸的功能不同,可分为普通气缸和特殊气缸。普通气缸指一般活塞式单作用气缸和双作用气缸,用于无特殊要求场合。特殊气缸用于有特殊要求的场合,如气-液阻尼缸、薄膜式气缸、冲击式气缸、增压气缸、步进气缸和回转气缸等。

11.1.2 普通气缸

1. 单作用气缸

所谓单作用气缸,是指压缩空气仅在气缸的一端进气,并推动活塞(或柱塞)运动,而活塞或柱塞的返回则是借助于其他外力,如重力、弹簧力等,其结构原理见图 11-1-1 所示。

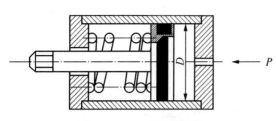

图 11-1-1　单作用气缸

这种气缸的特点如下:

(1) 由于单边进气,所以结构简单,耗气量小。

(2) 由于用弹簧复位,使压缩空气的能量有一部分用来克服弹簧的弹力,因而减小了活塞杆的输出推力。

(3) 缸体内因安装弹簧而减小了空间,使活塞的有效行程缩短了。

(4) 气缸复位弹簧的弹力是随其变形大小而变化的,因此,活塞杆的推力和运动速度在行程中是有变化的。

基于上述特点,单作用活塞式气缸多用于短行程及对活塞杆推力、运动速度要求不高的场合,如定位和夹紧装置等。

气缸工作时,活塞杆上输出的推力必须克服弹簧的弹力及各种阻力,推力可用下式计算:

$$F = \frac{\pi}{4}D^2 p\eta - F_t \tag{11-1}$$

式中　F——活塞杆上的推力(工作负载)(N);

　　　D——活塞直径(m);

　　　p——气缸工作压力(N);

　　　F_t——弹簧力(N);

　　　η——考虑总阻力损失时的效率,一般取 0.7~0.8,活塞运动速度 $v < 0.2\,\text{m/s}$ 时取大值,$v > 0.2\,\text{m/s}$ 时取小值。

2. 双作用气缸

(1) 单活塞杆双作用气缸

这是使用最为广泛的一种普通气缸,其结构如图 11-1-2 所示。

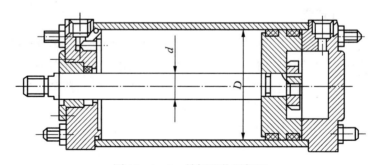

图 11-1-2　单杆双作用气缸

这种气缸工作时,活塞杆上的输出力用下式计算:

$$F_1 = \frac{\pi}{4}D^2 p\eta \times 10^5 \tag{11-2}$$

$$F_2 = \frac{\pi}{4}(D^2 - d^2)p\eta \times 10^5 \tag{11-3}$$

式中 F_1——无杆腔进气时活塞杆上的输出力(N)；

       F_2——有杆腔进气时活塞杆上的输出力(N)；

       D——活塞直径(m)；

       d——活塞杆直径(m)；

       p——气缸工作压力(Pa)；

       η——考虑总阻力损失时的效率,一般取 $0.7\sim0.8$,活塞运动速度 $v<0.2\ \mathrm{m/s}$ 时取大值,$v>0.2\ \mathrm{m/s}$ 时取小值。

应当注意的是,当无杆腔进气时,活塞杆受压力 F_1；当有杆腔进气时,活塞杆受拉力 F_2。

(2)双活塞杆双作用气缸

双活塞杆气缸用得较少,其结构与单活塞杆气缸基本相同,只是活塞两侧都装有活塞杆。因两端活塞杆直径相同,所以活塞往复运动的速度和输出力均相等,其输出力用式(11-3)计算。此种气缸常用于气动加工机械及包装机械等设备上。

(3)缓冲气缸

这种气缸的运动速度一般都较快,常达 $1\ \mathrm{m/s}$,为了防止活塞与气缸端盖发生碰撞,必须设置缓冲装置,其结构见图 11-1-3 所示,此气缸的两侧都设置了缓冲装置。在活塞到达行程终点前,缓冲柱塞将柱塞孔堵死,活塞再向前运动时,被封闭在缸内的空气因被压缩而吸收运动部件的惯性力所产生的动能,从而使运动速度减慢。在实际应用中,常使用节流阀将封闭在气缸内的空气缓缓地排出。当活塞反向运动时,压缩空气经单向阀进入气缸,因而能正常启动。

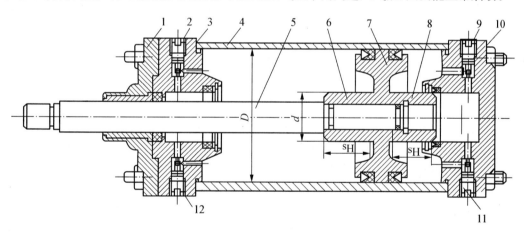

1—压盖；2、9—节流阀；3—前缸盖；4—缸体；5—活塞杆；6、8—缓冲柱塞；
7—活塞；10—后缸盖；11、12—单向阀

图 11-1-3　缓冲气缸

调节节流阀 2、9 的开口度,即可调节缓冲效果,控制气缸行程终端的运行速度,因而称为可调缓冲气缸。如做成固定节流孔,其开口度不可调即为不可调缓冲气缸。气缸缓冲装置的种类很多,上述只是最常用的缓冲装置。此外,也可在气动回路上采取措施使气缸具有缓冲作用。

11.1.3　特殊气缸

1. 气-液阻尼缸

气-液阻尼缸是由气缸和液压缸组合而成,它以压缩空气为能源,利用油液的不可压缩性

和控制流量来获得活塞的平稳运动和调节活塞的运动速度。与气缸相比,它传动平稳、停位精确、噪声小,与液压缸相比,它不需要液压源,经济性好,同时具有气缸和液压缸的优点,因此得到了越来越广泛的应用。

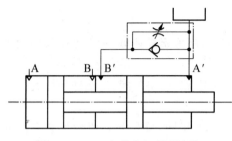

图 11-1-4 串联式气-液阻尼缸

图 11-1-4 所示为串联式气-液阻尼缸的工作原理图,若压缩空气自 A 口进入气缸左侧,必推动活塞向右运动,因液压缸活塞与气缸活塞是同一个活塞杆,故液压缸也将向右运动,此时,液压缸右腔排油,油液由 A′口经节流阀而对活塞的运行产生阻尼作用,调节节流阀,即可改变阻尼缸的运动速度;反之,压缩空气自 B 口进入气缸右侧,活塞向左移动,液压缸左侧排油,此时,单向阀开启,无阻尼作用,活塞快速向左运动。

2. 薄膜气缸

图 11-1-5 所示为单作用薄膜气缸,它主要由膜片和中间硬芯相连来代替普通气缸中的活塞,依靠膜片在气压作用下的变形来使活塞杆前进。活塞的位移较小,一般小于 40 mm;平膜片的行程则为其有效直径的 1/10,有效直径的定义为

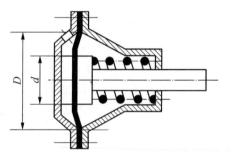

$$D_m = \frac{1}{3}(D^2 + Dd + d^2) \qquad (11-4)$$

图 11-1-5 薄膜气缸

这种气缸的特点是结构紧凑,重量轻,维修方便,密封性能好,制造成本低,广泛应用于化工生产过程的调节器上。

3. 摆动式气缸(摆动马达)

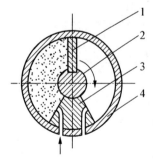

1—叶片;2—转子;3—定子;4—缸体
图 11-1-6 摆动气缸

摆动式气缸是将压缩空气的压力能转变成气缸输出轴的有限回转的机械能,多用于安装位置受到限制,或转动角度小于 360°的回转工作部件,例如夹具的回转、阀门的开启、转塔车床的转位以及自动线上物料的转位等场合。

图 11-1-6 所示为单叶片式摆动气缸的工作原理图,定子3 与缸体4 固定在一起,叶片1 和转子2(输出轴)联接在一起,当左腔进气时,转子顺时针转动;反之,转子则逆时针转动,转子既可做成图示的单叶片式,也可做成双叶片式。这种气缸的耗气量一般都较大。这种气缸的输出转矩和角速度与摆动式液压缸相同,故不再重复。

4. 冲击气缸

图 11-1-7 所示为普通型冲击气缸的结构示意图。它与普通气缸相比,增加了储能腔以及带有喷嘴和具有排气小孔的中盖。它的工作原理及工作过程可简述为以下三个阶段:

复位阶段 如图 11-1-8(a)所示,气缸控制阀处于原始位置,压缩空气由 A 孔进入冲击气缸头腔,储能腔与尾腔通大气,活塞上移,当处于上限位置时,封住中盖上的喷嘴口,中盖与活塞间的环形空间(即尾腔)经小孔口与大气相通。

储能阶段　如图 11-1-8(b)所示,控制阀切换,储能腔进气,压力 p_1 逐渐上升,作用在与中盖喷嘴口相密封接触的活塞侧一小部分面积(通常设计为活塞面积的1/9)上的力也逐渐增大。与此同时,头腔排气,压力 p_2 逐渐降低,使作用在头腔侧活塞面积上的力逐渐减小,但仍不能克服头腔的排气压力所产生的向上推力及活塞与缸体间的摩擦力,喷嘴仍处于关闭状态。

冲击阶段　如图 11-1-8(c)所示,当活塞上边的力大于下边的力而不能保持平衡时,活塞即离开喷嘴口向下运动,在喷嘴打开的瞬间,储能腔的气压突然加到尾腔的整个活塞面上,于是,活塞在很大的压差作用下加速向下运动,使活塞、活塞杆等运动部件在瞬间达到很高的速度(约为同样条件下普通气缸速度的10～15倍),以很高的动能冲击进行工作。图 11-1-8(d)所示为冲击气缸活塞向下自由冲击运动的三个阶段。经过上述三个阶段后,控制阀复位,冲击气缸开始另一个循环。

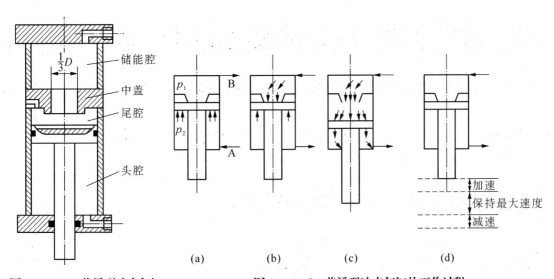

（a）　　　（b）　　　（c）　　　（d）

图 11-1-7　普通型冲击气缸　　　**图 11-1-8　普通型冲击气缸的工作过程**

11.1.4　气缸的选用

1. 标准化气缸简介

（1）标准化气缸的系列和标记

标准化气缸使用的标记是用符号"QG"表示气缸,用符号"A、B、C、D、H"表示五种系列,具体的标记方法如下:

QG A、B、C、D、H 缸径×行程

五种标准化气缸系列如下:

QGA　无缓冲普通气缸;

QGB　细杆(标准杆)缓冲气缸;

QGC　粗杆缓冲气缸;

QGD　气-液阻尼缸;

QGH　回转气缸。

例如,标记为 QGA100×125 的标准化气缸,即是缸筒直径为 100 mm、行程为 125 mm

的无缓冲普通气缸。

（2）标准化气缸的主要参数　标准化气缸的主要参数是缸径 D 和行程 S，因为在一定的气源压力下，缸径 D 标志气缸活塞杆的理论输出力，行程 S 标志气缸的作用范围。

标准化气缸的缸径 D(mm)有如下数值：

40，50，63，80，100，125，160，200，250，320，400

行程 S(mm)的数值：

对无缓冲气缸　　$S = (0.5 \sim 2)D$

对有缓冲气缸　　$S = (1 \sim 10)D$

标准气缸的详细参数、外形尺寸、连接方法及安装方式等，可参阅有关手册。

2. 气缸的使用要求

（1）气缸一般的工作条件是：周围介质温度为 $-35℃ \sim 80℃$，工作压力为 $0.4 \sim 0.6$ MPa。

（2）安装时，要注意运动方向。活塞杆不允许承受偏载或横向负载。

（3）在行程中负载有变化时，应使用输出力有足够余量的气缸，并要附加缓冲装置。

（4）不使用满行程。特别当活塞杆伸出时，不要使活塞与缸盖相碰，否则容易破坏零件。

（5）应在气缸进气口设置油雾器进行润滑。气缸的合理润滑极为重要，往往因润滑不好而产生爬行，甚至不能正常工作。不允许用油润滑时，可用无油润滑气缸。

3. 气缸的选择

使用气缸应首先立足于选择标准气缸，其次才是自行设计气缸。

（1）气缸输出力的大小　根据工作机构所需力的大小来确定活塞杆上的输出力（推力或拉力）。一般按公式计算出活塞杆的输出力再乘以 $1.15 \sim 1.2$ 备用系数，并据此去选择和确定气缸内径。为了避免气缸容积过大，应尽量采用扩力机构，以减小气缸尺寸。

（2）气缸行程的长度　它与使用场合和执行机构的行程长度有关，并受结构的限制，一般应比所需行程长 $5 \sim 10$ mm。

（3）活塞（或缸）的运动速度　它主要取决于气缸进、排气口及导管内径的大小。内径越大，则活塞运动速度越高。为了得到缓慢而平稳的运动速度，通常可选用带节流装置或气-液阻尼装置的气缸。

（4）安装方式　它由安装位置，使用目的等因素来决定。工件作周期性转动或连续转动时，应选用旋转气缸，此外，在一般场合，应尽量选用固定式气缸。如有特殊要求，则选用相适应的特种气缸或组合气缸。

11.2　气　马　达

气动马达是将压缩空气的压力能转换成旋转的机械能的装置，在气压传动中使用最广泛的是叶片式气动马达和活塞式气动马达，本节以叶片式气动马达为例简单介绍气动马达的工作原理和它的主要技术性能。

图 11-2-1 所示为双向旋转叶片式气马达的工作原理图。当压缩空气从进气口 A 进入气室后立即喷向叶片 1，作用在叶片的外伸部位，产生转矩带动转子 2 作逆时针转

动,输出旋转的机械能,废弃从排气口 C 排出,残余气体则经 B 排出(二次排气);若进、排气口互换,则转子反转,输出相反方向的机械能。转子转动的离心力和叶片底部的气压力、弹簧力(图中未画)使得叶片紧密地抵在定子 3 的内壁上,以保证密封,提高容积效率。

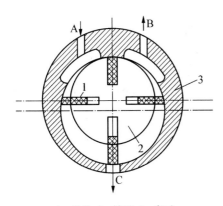

1—叶片;2—转子;3—定子

图 11 - 2 - 1　双向旋转的叶片式马达

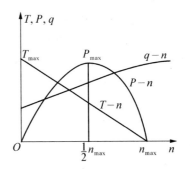

图 11 - 2 - 2　气动马达特性曲线

图 11 - 2 - 2 所示是在一定工作压力下作出的叶片式气马达的特性曲线。由图可知,气动马达具有软特性的特点。当外加转矩 T 等于零时,即为空转,此时,速度达到最大值 n_{max},气动马达输出的功率等于零;当外加转矩等于气动马达的最大转矩 T_{max} 时,马达停止转动,此时,功率也等于零;当外加转矩等于最大转矩的一半时,马达的转速也为最大转速的 1/2,此时,马达的输出功率 P 最大,以 P_{max} 表示。

叶片式气动马达主要用于风动工具、高速旋转机械及矿山机械等。

由于气动马达具有一些比较突出的特点,在某些工业场合,它比电动马达和液压马达更适用,这些特点如下:

(1) 具有防爆性能。由于气动马达的工作介质空气本身的特性和结构设计上的考虑,能够在工作中不产生火花,故适合于有爆炸、高温、多尘的场合,并能用于空气极潮湿的环境,而无漏电的危险。

(2) 马达本身的软特性使之能长期满载工作,温升较小,且有过载保护性能。

(3) 有较高的起动转矩,能带载启动。

(4) 换向容易,操作简单,可以实现无级调速。

(5) 与电动机相比,单位功率尺寸小,重量轻,适用于安装在位置狭小的场合及手工工具上。

但气动马达也具有输出功率小、耗气量大、效率低、噪声大和易产生振动等缺点。

小　　结

气缸和气马达是气压传动中所用的执行元件,是将压缩空气的压力能转变为机械能的能量转换装置。本章简要介绍了气缸、气马达的基本结构组成,详细分析了气缸、气马达的工作原理及各种气缸、气马达的特点,对合理地选用及设计气缸提供一定的帮助。

习　题

1. 气缸有哪些类型？与液压缸相比较，气缸有哪些特点？

2. 气-液阻尼缸有何用途？

3. 冲击气缸的工作原理是什么？举例说明冲击气缸的用途。

4. 选择气缸的原则和依据是什么？气缸有哪些使用要求？

5. 气马达有哪些特点？说明叶片式气动马达的工作原理。

6. 单杆双作用气缸内径 $D = 125\,\mathrm{mm}$，工作压力 $p = 0.5\,\mathrm{MPa}$，气缸负载效率为 0.5，该气缸的拉力和推力各为多大？

气动控制元件

气动控制元件是在气压传动系统中用来控制和调节压缩空气的压力、流量和方向的控制阀。按其功能可分为压力控制阀、流量控制阀、方向控制阀以及能实现一定逻辑功能的气动逻辑元件等。

12.1 压力控制阀

在气压传动系统中,控制压缩空气的压力以控制执行元件的输出力或控制执行元件实现顺序动作的阀等统称为压力控制阀,它包含有减压阀、顺序阀和溢流阀。压力控制阀是利用压缩空气作用在阀芯上的力和弹簧力相平衡的原理来进行工作的。

12.1.1 减压阀

一般来说,是由空气压缩机先将空气压缩储存在储气罐内,然后经管道输送给各气动装置使用。而储气罐的空气压力往往比每台设备实际所需要的压力要高些,同时,其压力值波动也较大,因此需要用减压阀(调压阀)将其压力减到每台装置所需要的压力,并使减压后的压力稳定在需要的数值上。

1. 减压阀的分类

减压阀的种类繁多,可按压力调节方式、排气方式等进行分类。

(1) 按压力调节方式分　有直动式减压阀和先导式减压阀两大类。直动式减压阀是利用手柄或旋钮直接调节调压弹簧来改变减压阀输出压力;先导式减压阀是采用压缩空气代替调压弹簧来调节输出压力的。先导式减压阀又可分为外部先导式和内部先导式两类。

(2) 按排气方式分　按排气方式可分为溢流式、非溢流式和恒量排气式三种。溢流式减压阀的特点是减压过程中从溢流孔中排出少量多余的气体,维持输出压力不变。非溢流式减压阀没有溢流孔,使用时,回路中要安装一个放气阀,以排出输出侧的部分气体,它适用于调节有害气体压力的场合,可防止大气污染。恒量排气式减压阀始终有微量气体从溢流阀座的小孔排出,能更准确地调整压力,一般用于输出压力要求调节精度高的场合。

2. 减压阀的结构原理

（1）直动式减压阀

直动式减压阀的结构原理如图 12-1-1 所示。其工作原理是:顺时针方向旋转手柄 1,经过调压弹簧 2、3,推动膜片 5 下移,膜片 5 又推动阀杆 8 下移,进气阀 10 被打开,压缩空气经阀口节流减压后从右端输出。同时输出气压经阻尼孔 7 在膜片 5 上产生向上的推力。这个作用力总是企图把进气阀关小,使出口压力降低,这样的作用称为负反馈。当作用在膜片上的反馈力与弹簧的作用力相平衡时,减压阀便有稳定的输出压力。

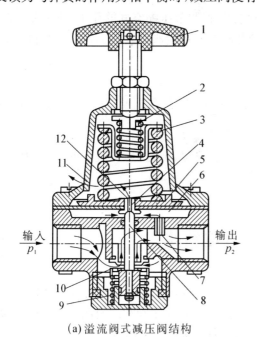

(b)溢流阀式减压阀符号

(a)溢流阀式减压阀结构　　　　(c)非溢流阀式减压阀的符号

1—手柄;2、3—调压弹簧;4—溢流阀座;5—膜片;6—膜片气室;
7—阻尼孔;8—阀杆;9—复位弹簧;10—进气阀;11—排气孔;12—溢流孔

图 12-1-1　直动式减压阀

如果输入压力瞬时升高,输出压力随之升高,使膜片气室 6 内的压力也升高,破坏了原有的平衡,膜片上移,部分气流经溢流孔 12、排气孔 11 排出。在膜片上移的同时,阀芯在复位弹簧 9 的作用下也随之上移,进气阀口的开度减小,节流作用加大,输出压力下降,直至达到膜片两端作用力重新平衡为止,输出压力又回到原数值上。

如果输入压力瞬时下降,输出压力随之下降,将导致阀芯下移,进气阀口的开度增大,节流作用减小,使输出压力上升到原值。这种减压阀在使用过程中,常常从溢流孔排出少量气体,因此称为溢流式减压阀。

2. 先导式减压阀

当减压阀的输出压力较高(在 0.7 MPa 以上)或配管直径很大(在 20 mm 以上)时,若用直动式减压阀,其调压弹簧必须较硬,阀的结构尺寸较大,调压的稳定性较差。为了克服这些缺点,此时一般宜采用先导式减压阀。

先导式减压阀工作原理和结构与直动式调压阀基本相同,所不同的是,先导式减压阀的调压气体一般是由小型的直动式减压阀供给,用调压气体代替调压弹簧来调整输出压力。先导式减压阀可分为内部先导和外部先导。若把小型直动式减压阀装在阀的内部来控制主阀输出压力,称为内部先导式减压阀,如图 12-1-2 所示。若将其装在主阀的外部,则称为外部先导式减压阀,如图 12-1-3 所示。

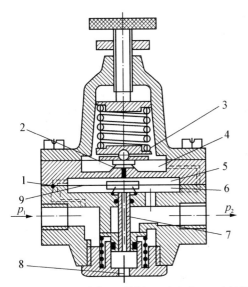 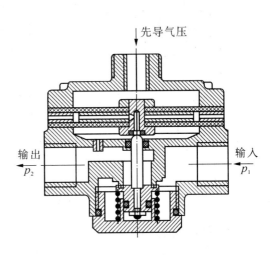

1—固定节流孔;2—喷嘴;3—挡板;4—上气室;5—中气室;
6—下气室;7—阀芯;8—排气孔;9—膜片
图 12-1-2 内部先导式减压阀　　　　　　　　**图 12-1-3 外部先导式减压阀**

（1）内部先导式减压阀

由于先导气压的调节部分采用了具有高灵敏度的喷嘴挡板机构,即固定节流孔 1 及气室 4 所组成的喷嘴挡板环节,当喷嘴 2 与挡板 3 之间的距离发生微小变化时(零点几毫米),就会使气室 4 中压力发生很明显的变化,从而引起膜片 9 有较大的位移,并去控制阀芯 7 的上下移动,使主阀口开大或开小,提高了对阀芯控制的灵敏度,故有较高的调压精度。

精密减压阀在气源压力变化 ± 0.1 MPa 时,出口压力变化小于 0.5%。出口流量在 5%~100% 范围内波动时,出口压力变化小于 0.5%。

（2）外部先导式减压阀

外部先导式减压阀(图 12-1-3)作用在膜片上的力是靠主阀外部的一只小型直动溢流式减压阀供给压缩气体来控制膜片上下移动,实现调整输出压力的目的。所以,外部先导式减压阀又称远距离控制式减压阀。

12.1.2 溢流阀

溢流阀(安全阀)在系统中起限制最高压力,保护系统安全作用。当回路、贮气罐的压力上升到设定值以上时,溢流阀(安全阀)把超过设定值的压缩空气排入大气,以保持输入压力不超过设定值。

1. 溢流阀的工作原理

图12-1-4所示为溢流阀的工作原理图。它由调压弹簧2、调节手轮1、阀芯3和阀体组成。当系统中的气体压力小于调定值时,阀处于关闭状态。当系统的压力升高到溢流阀的开启压力时,阀芯3就克服弹簧力向上移动,阀门开启排气,直到系统压力降低到调定值时,阀口又重新关闭。溢流阀的开启压力大小可以靠调节调压弹簧的预压缩量来实现。

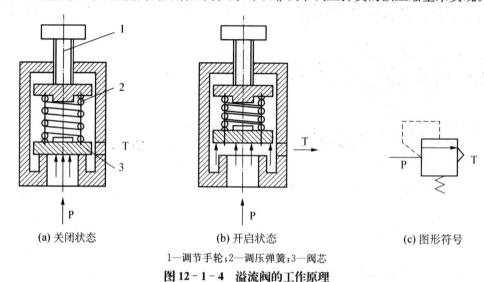

(a) 关闭状态   (b) 开启状态   (c) 图形符号

1—调节手轮;2—调压弹簧;3—阀芯

图 12-1-4　溢流阀的工作原理

2. 溢流阀的分类

溢流阀按控制方式也可分为直动式和先导式两种。图12-1-5所示为直动式溢流阀,其开启压力与关闭压力比较接近,即压力特性较好,动作灵敏;但最大开启量比较小,即流量特性较差。图12-1-6所示为先导式溢流阀,它由一小型的直动式减压阀提供控制信号,以气压代替弹簧控制溢流阀的开启压力。先导式溢流阀一般用于管道直径大或需要远距离控制的场合。

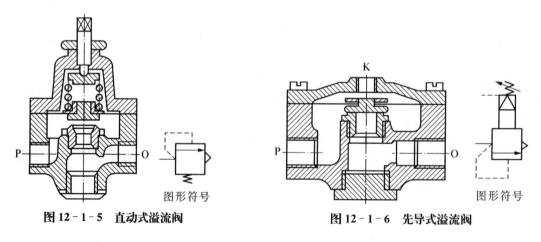

图形符号   图形符号

图 12-1-5　直动式溢流阀　　　　**图 12-1-6　先导式溢流阀**

12.1.3　顺序阀

顺序阀是根据回路中气体压力的大小来控制各种执行机构按顺序动作的压力控制阀。

顺序阀常与单向阀组合使用,称为单向顺序阀。

1. 顺序阀的工作原理

顺序阀靠调节弹簧压缩量来控制其开启压力的大小。图 12-1-7 所示为顺序阀工作原理,当压缩空气进入进气腔作用在阀芯上时,若此力小于弹簧的压力,阀为关闭状态,A 无输出。而当作用在阀芯上的力大于弹簧的压力时,阀芯被顶起,阀为开启状态,压缩空气由 P 流入从 A 口流出,然后输出到气缸或气控换向阀。

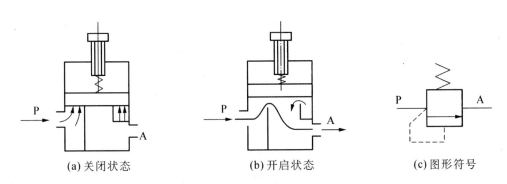

(a) 关闭状态　　　　　　(b) 开启状态　　　　　　(c) 图形符号

图 12-1-7　顺序阀工作原理

2. 单向顺序阀工作原理

单向顺序阀是由顺序阀与单向阀并联组合而成。它依靠气路中压力的作用而控制执行元件的顺序动作。其工作原理如图 12-1-8 所示,当压缩空气进入腔 4 后,作用在活塞 3 上的力大于弹簧 2 的力时,将活塞 3 顶起,压缩空气从 P 口经腔 4、腔 6 到 A 口,然后输出到气

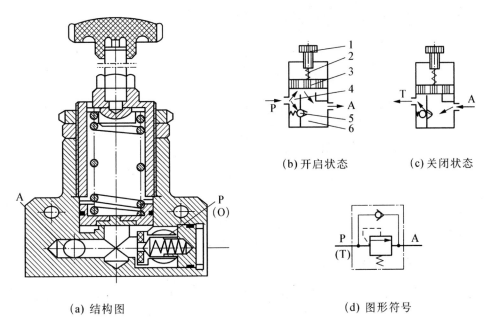

(a) 结构图　　　　　　　　　　　　(d) 图形符号

(b) 开启状态　　　　(c) 关闭状态

1—调节手轮;2—弹簧;3—活塞;4、6—工作腔;5—单向阀

图 12-1-8　单向顺序阀工作原理

缸或气控换向阀,如图 12-1-8(b)所示。当切换气源,压缩空气从 A 流向 P 时,顺序阀关闭,此时,腔 6 内的压力高于腔 4 内压力,在压差作用下,打开单向阀 5,反向的压缩空气从 A 到 T 排出,如图 12-1-8(c)所示。

12.2 流量控制阀

流量控制阀就是通过改变阀的通流面积来调节压缩空气的流量,从而控制气缸的运动速度。其工作原理与液压流量控制阀基本相同。它包括节流阀、单向节流阀、排气节流阀等。

12.2.1 节流阀

图 12-2-1 所示为节流阀结构图。气体由输入口 P 进入阀内,经阀座与阀芯间的节流通道从输出口 A 流出,通过调节螺杆使阀芯上下移动,改变节流口通流面积,实现流量的调节。此种节流阀结构简单,体积小,应用范围较广。

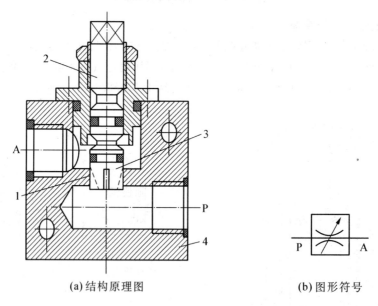

(a)结构原理图   (b)图形符号

1—阀座;2—调节螺杆;3—阀芯;4—阀体

图 12-2-1 节流阀结构图

12.2.2 单向节流阀

单向节流阀是由单向阀和节流阀组合而成的流量控制阀,常用于气缸的速度控制,又称速度控制阀。当气流沿着一个方向由 P→A 流动时,经过节流阀节流(图 12-2-2(a));反方向流动时,由 A→P 单向阀打开,节流阀不节流(图 12-2-2(b))。单向节流阀常用于气缸的调速和延时回路中,使用时,应尽可能直接安装在气缸上。

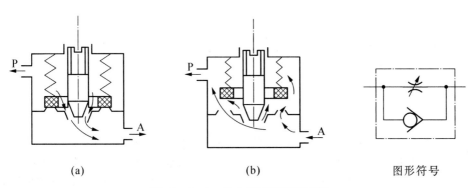

(a)   (b)   图形符号

图 12-2-2　单向节流阀工作原理

12.2.3　排气节流阀

排气节流阀是装在排气口,调节排入大气的流量,以改变气动执行元件的运动速度。排气节流阀常带有消声器以减小排气噪声,并能防止环境中的粉尘通过排气口污染元件,图12-2-3所示为排气节流阀,由消声套7减少排气噪声。

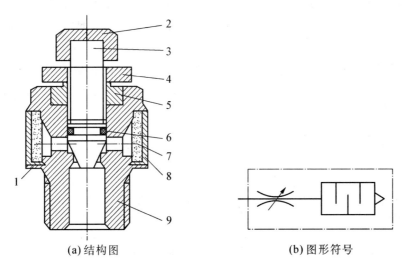

(a) 结构图   (b) 图形符号

1—衬垫;2—调节手轮;3—节流阀芯;4—锁紧螺母;5—导向套;
6—O形圈;7—消声套;8—盖;9—阀体

图 12-2-3　排气节流阀

12.2.4　流量控制阀的选用

气动系统流量控制阀的功用与液压系统流量控制阀的功用相似,主要用来调节气缸的运动速度。但应注意,由于气体的可压缩性,气动控制精度不如液压控制高,特别是在低速控制中,要严格按照预定行程变化来控制气缸的速度,只用气体流量控制阀是很难实现的。在选用气体流量控制阀时,可根据以下几点来选择:

1. 根据气动装置或气动执行元件的进、排气口通径来选择。
2. 根据流量调节范围及使用条件来选用。

12.3 方向控制阀

方向控制阀是控制管道内压缩空气的流动方向和气流通断的元件,它是气动系统中应用最广泛的一类阀。

按气流在阀内的作用方向,方向控制阀可分为单向型方向控制阀和换向型方向控制阀两类。只允许气流沿一个方向流动的方向控制阀称为单向型方向控制阀,如单向阀、梭阀、双压阀等。可以改变气流流动方向的方向控制阀称为换向型方向控制阀,简称换向阀。

12.3.1 换向型方向控制阀

换向型方向控制阀根据其控制方式不同,可分为气压控制、电磁控制、机械控制、手动控制、时间控制等。

1. 气压控制换向阀

气压控制换向阀是依靠压缩空气的压力推动阀芯运动,使得换向阀换向,从而改变气体流动的换向阀,在易燃、易爆、潮湿和粉尘多的工作条件下,操作安全可靠。

气控换向阀按照作用原理可分为加压控制、泄压控制和差压控制三种。加压控制是指加在阀芯上的控制信号的压力值是渐升的,当控制信号的气压增加到阀的切换压力时,阀便换向;卸压控制则是指加在阀芯上的控制信号的压力值是渐降的,当控制信号的气压减小到阀的切换压力时,阀便换向;差压控制是利用控制气压作用在阀芯两端不同面积上所产生的压力差来使阀换向的一种控制方式。

(1) 单气控加压换向阀

图 12-3-1 所示是二位三通单气控加压截止式换向阀的工作原理图。当 K 口没有控制信号时(图 12-3-1(a)),阀芯在弹簧与 P 腔气压作用下,使 P、A 口断开,A、O 口接通,阀处于排气状态;当 K 口有控制信号时(图 12-3-1(b)),阀芯下移,P、A 口接通,O 口断开,A 口有气体输出。

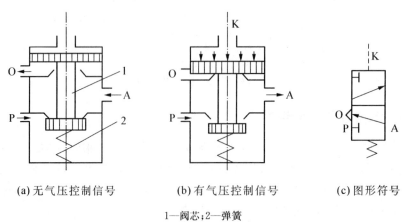

(a) 无气压控制信号　　　(b) 有气压控制信号　　　(c) 图形符号

1—阀芯;2—弹簧

图 12-3-1 单气控加压截止式换向阀的工作原理

（2）双气控加压换向阀

换向阀的两侧有两个控制口，但每次只能输入一个信号，这种换向阀具有记忆功能，即控制信号消失后，阀仍能保持在信号消失前的工作状态，如图 12-3-2 所示，当 y 口输入压缩空气时，阀处于右位，这时，P、B 通，A、T_1 通；信号消失后，因阀具有记忆功能，阀仍处于右位状态。直到 x 口通压缩气体，阀才改变其输出状态，此时，P、A 通，B、T_2 通。

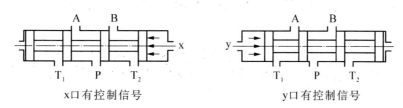

x口有控制信号　　　　　　　　　　y口有控制信号

图 12-3-2　双气控滑阀工作原理

2. 电磁控制换向阀

电磁控制换向阀是利用电磁力的作用推动阀芯换向，从而改变气流方向的换向阀。按电磁控制部分对换向阀的推动方式，可分为直动式和先导式。以下主要介绍直动式电磁换向阀。

直动式换向阀是利用电磁力直接推动阀芯换向。直动式电磁换向阀的特点是结构简单、紧凑，换向频率高，但当用于交流电磁铁时，如果阀杆卡死，就有烧坏线圈的可能。阀杆的换向行程受电磁铁吸合行程的控制，因此只适用于小型阀。这种换向阀又可分为单电控和双电控两种。

图 12-3-3 所示为单电控直动式电磁阀工作原理。电磁线圈未通电时，阀芯在弹簧作用下复位，P、A 断开，A、T 相通，阀处于排气状态；电磁线圈通电时，电磁力通过阀杆推动阀芯向下移动，使 P、A 接通，T 与 A 断开。

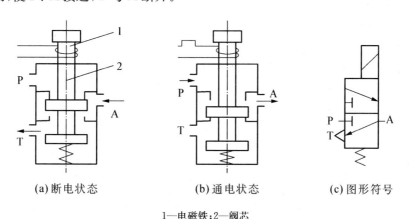

(a)断电状态　　　　　　(b)通电状态　　　　　　(c)图形符号

1—电磁铁；2—阀芯

图 12-3-3　单电控直动式电磁换向阀

图 12-3-4 所示为双电控直动式电磁阀工作原理。电磁铁 1 通电、电磁铁 3 断电时，阀芯 2 被推至右侧，A 口有输出，B 口排气。若电磁铁 1 断电，阀芯位置不变，仍为 A 口有输出，B 口排气，即阀具有记忆功能，直到电磁铁 3 通电，则阀芯被推至左侧，阀被切换，此时 B 口有输出，A 口排气。同样，电磁铁 3 断电时，阀的输出状态保持不变，使用时两电磁铁不允许同时得电。

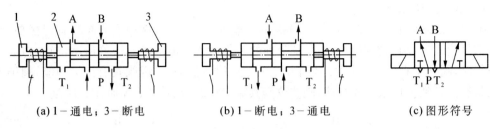

(a) 1－通电；3－断电　　　　　(b) 1－断电；3－通电　　　　　(c) 图形符号

1、3－电磁铁；2－阀芯

图 12－3－4　双电控直动式电磁阀工作原理

12.3.2　单向型方向控制阀

1. 单向阀

单向阀是使气流只能朝一个方向流动而不能反向流动的阀。其结构原理与液压系统中单向阀相似(图 12－3－5)。图 12－3－6 所示为单向阀的工作原理图。图 12－3－6(a) 所示为单向阀的关闭状态。图 12－3－6(b) 所示为单向阀的开启状态。

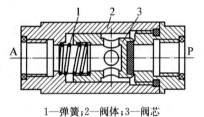

1—弹簧；2—阀体；3—阀芯

图 12－3－5　单向阀结构

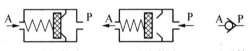

(a) 关闭状态　　　(b) 开启状态　　　(c) 图形符号

图 12－3－6　单向阀的工作原理

2. 或门型梭阀

或门型梭阀相当于是两个单向阀的组合,其作用相当于"或"门逻辑功能。当 P_1 或 P_2 有压缩空气输入时,A 口有压缩空气输出。如图 12－3－7 所示,当 P_1 进气时,推动阀芯右移,使 P_2 口堵死,压缩空气从 A 口输出;当 P_2 进气时,推动阀芯左移,使 P_1 口堵死,压缩空气仍从 A 口输出;当 P_1 和 P_2 都有压缩空气输入时,按压力加入的先后顺序和压力的大小而定。

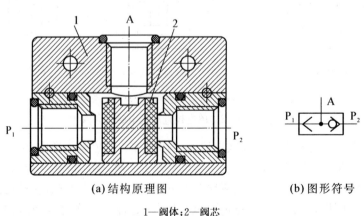

(a) 结构原理图　　　　　　　　　　(b) 图形符号

1—阀体；2—阀芯

图 12－3－7　或门型梭阀

3. 与门型梭阀（双压阀）

与门型梭阀相当于"与"逻辑功能，又称"双压阀"。图 12-3-8 所示，有 P_1、P_2 两个输入口，一个输出口 A。只有当两个输入口都进气时，A 口才有输出，否则，A 口无输出。当 P_1 与 P_2 输入口输入的气压不等时，气压低的通过 A 口输出。

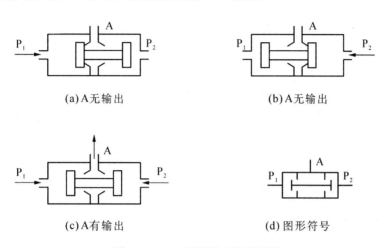

(a)A无输出　　　　　　　　　(b)A无输出

(c)A有输出　　　　　　　　　(d) 图形符号

图 12-3-8　双压阀工作原理图

4. 快速排气阀

当气缸或压力容器需短时间排气时，在换向阀和气缸之间加上快速排气阀，这样，气缸中的气体就不再通过换向阀而直接通过快速排气阀排气，加快气缸运动速度。如图 12-3-9 所示。当 P 口进气后，阀芯关闭排气口 T，P 与 A 相通，A 有输出；当 P 口无气输入时，A 口的气体使阀芯将 P 口封住，A 与 T 接通，气体快速排出，排气阻力小。

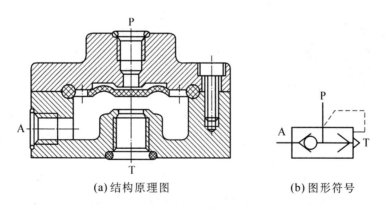

(a)结构原理图　　　　　　　　　(b)图形符号

图 12-3-9　快速排气阀结构图

12.4　气动逻辑元件

气动逻辑元件是一种以压缩空气为工作介质，通过元件内部可动部件的动作，改变气流流动的方向，从而实现一定逻辑功能的流体控制元件。

12.4.1　气动逻辑元件的分类及特点

气动逻辑元件的种类很多,按工作压力,可分为高压元件(工作压力为 0.2~0.8 MPa)、低压元件(工作压力为 0.02~0.2 MPa)及微压元件(工作压力为 0.02 MPa 以下)三种;按逻辑功能,可分为"是门"元件、"与门"元件、"或门"元件、"非门"元件和双稳元件等;按结构形式,可分为截止式逻辑元件、膜片式逻辑元件和球阀式逻辑元件等。本节仅对高压截止式逻辑元件作简要介绍。

气动逻辑元件具有以下特点:

1. 元件孔径较大,抗污染能力较强,对气源的净化程度要求较低。

2. 元件在完成切换动作后,能切断气源和排气孔之间的通道,即具有关断能力,无功耗气量较低。

3. 负载能力强,可带多个同类型元件。

4. 在组成系统时,元件间的连接方便,调试简单。

5. 适应能力较强,可在各种恶劣环境下工作。

6. 响应时间一般在 10 ms 以内。

7. 在强冲击振动下,有可能使元件产生误动作。

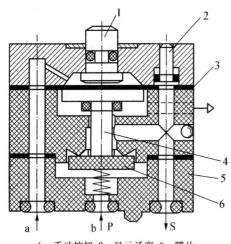

1—手动按钮;2—显示活塞;3—膜片;
4—阀芯;5—阀体;6—阀片

图 12-4-1　"是门"和"与门"元件

12.4.2　高压截止式逻辑元件

1. "是门"和"与门"元件

图 12-4-1 所示为"是门"元件及"与门"元件的结构图。图中,P 为气源口,a 为信号输入口,S 为输出口。当 a 无信号时,阀片 6 在弹簧及气源压力作用下上移,关闭阀口,封住 P→S 通路,S 无输出。当 a 有信号时,膜片在输入信号作用下,推动阀芯下移,封住 S 与排气孔通道,同时接通 P→S 通路,S 有输出。即元件的输入和输出始终保持相同状态。

当气源口 P 改为信号口 b 时,则成"与门"元件,即只有当 a 和 b 同时有输入信号时,S 才有输出,否则 S 无输出。

2. "或门"元件

图 12-4-2 所示为"或门"元件的结构图。当只有 a 有信号输入时,阀片 3 被推动下移,打开上阀口,接通 a→S 通路,S 有输出。类似地,当只有 b 有信号输入时,b→S 接通,S 也有输出。显然,当 a、b 均有信号输入时,S 定有输出。显示活塞 2 用于显示输出的状态。

3. "非门"和"禁门"元件

图 12-4-3 所示为"非门"及"禁门"元件的结构图。图中,a 为信号输入孔,S 为信号输出孔,P 为气源孔。在 a 无信号输入时,阀片 1 在气源压力作用下上移,开启下阀口,关闭上阀口,接通 P→S 通路,S 有输出。当 a 有信号输入时,膜片 6 在输入信号作用下,推动阀杆 3 及阀片 1 下移,开启上阀口,关闭下阀口,S 无输出。显然,此时为"非门"元件。若将气源口

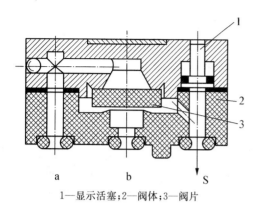

1—显示活塞;2—阀体;3—阀片

图 12-4-2　"或门"元件

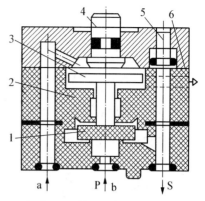

1—阀片;2—阀体;3—阀杆;4—手动按钮;
5—显示活塞;6—膜片

图 12-4-3　"非门"和"禁门"元件

P 改为信号 b 口,该元件就成为"禁门"元件。在 a、b 均有输入信号时,阀片 1 及阀杆 3 在 a 输入信号作用下封住 b 孔,S 无输出;在 a 无信号输入而 b 有输入信号时,S 就有输出。即 a 输入信号对 b 输入信号起"禁止"作用。

4. "或非"元件

图 12-4-4 所示为"或非"元件工作原理图。P 为气源口,S 为输出口,a、b、c 为三个信号输入口。当三个输入口均无信号输入时,阀芯 3 在气源压力作用下上移,开启下阀口,接通 P→S 通路,S 有输出。三个输入口只要有一个口有信号输入,都会使阀芯下移关闭下阀口,截断 P→S 通路,S 无输出。

"或非"元件是一种多功能逻辑元件,用它可以组成"与门"、"或门"、"非门"、"双稳"等逻辑元件。

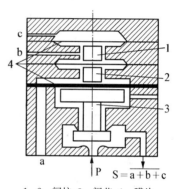

1、2—阀柱;3—阀芯;4—膜片

图 12-4-4　"或非"元件

5. 记忆元件

记忆元件分为单输出和双输出两种。双输出记忆元件称为双稳元件,单输出记忆元件称为单记忆元件。

图 12-4-5 所示为"双稳"元件原理图。当 a 有控制信号输入时,阀芯 2 带动滑块 4 右移,接通 P→S_1 通路,S_1 有输出,而 S_2 与排气孔 O 相通,无输出。此时,"双稳"处于"1"状态,在 b 输入信号到来之前,a 信号虽消失,阀芯 2 仍总是保持在右端位置。当 b 有输入信号时,则 P→S_2 相通,S_2 有输出,S_1→O 相通,此时,元件置"0"状态,b 信号消失后,a 信号未到来前,元件一直保持此状态。

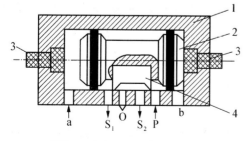

1—阀体;2—阀芯;3—手动按钮;4—滑块

图 12-4-5　"双稳"无件原理图

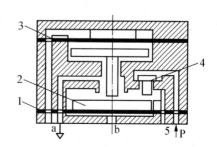

1—膜片;2—阀芯;3—膜片;4—小活塞

图 12-4-6　单记忆元件原理图

图 12-4-6 所示为单记忆元件的工作原理图。当 b 有信号输入时,膜片 1 使阀芯 2 上移,将小活塞 4 顶起,打开气源通道,关闭排气口,使 S 有输出。如 b 信号撤消,膜片 1 复原,阀芯在输出端压力作用下仍能保持在上面位置,S 仍有输出,对 b 置"1"信号起记忆作用。当 a 有信号输入时,阀芯 2 下移,打开排气通道,活塞 4 下移,切断气源,S 无输出。

12.4.3 气动逻辑元件的应用举例

1. "或门"元件控制线路

图 12-4-7 所示为采用梭阀作"或门"元件的控制线路图。当 a 及 b 均无信号输入时(图示状态),气缸处于原始位置。当 a 或 b 有信号输入时,梭阀 S 有输出,使二位四通阀克服弹簧力作用切换至上方位置,压缩空气即通过二位四通阀进入气缸下腔,活塞上移。当 a 或 b 的信号解除后,二位三通阀在弹簧作用下复位,S 无输出,二位四通阀也在弹簧作用下复位,压缩空气进入气缸上腔,使气缸复位。

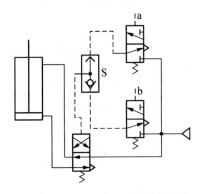

图 12-4-7 "或门"元件控制回路

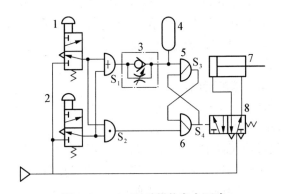

图 12-4-8 双手操作安全回路

2. 双手操作安全回路

图 12-4-8 所示为用二位三通按钮式换向阀和逻辑"禁门"元件组成的安全回路。当两个按钮阀同时按下时,"或门"的输出信号 S_1 要经过单向节流阀 3 进入气缸 4,经一定时间的延时后,才能经逻辑"禁门"5 输出,而"与门"的输出信号 S_2 是直接输入到"禁门"6 上的。因此,S_2 比 S_1 早到达"禁门"6,"禁门"6 有输出。输出信号 S_4 一方面推动主控阀 8 换向使缸 7 前进,另一方面又作为"禁门"5 的一个输入信号,由于此信号比 S_1 早到达"禁门"5,故"禁门"5 无输出。如果先按阀 1,后按阀 2,且按下的时间间隔大于回路中的延时时间 t,那么,"或门"的输出信号 S_1 先到达"禁门"5,"禁门"5 有输出信号 S_3 输出,而输出信号 S_3 是作为"禁门"6 的一个输入信号的,由于 S_3 比 S_2 早到达"禁门"6,故"禁门"6 无输出,主控阀不能切换,气缸 7 不能动作。若先按下阀 2,后按下阀 1,则其效果与同时按下两个阀的效果相同。但若只按下其中任一个阀,则换向阀 8 不能换向。

小 结

通过本章学习,要明确区分各种气动控制元件的功能,着重掌握减压阀、顺序阀、安全阀的工作原理与应用;掌握流量控制阀的种类与应用;掌握方向控制阀的应用;了解气动逻辑元件的工作原理及应用。

习　题

1. 说明直动式和先导式减压阀的工作原理。

2. 减压阀、顺序阀、安全阀这三种压力阀有什么区别？它们各有什么用途？

3. 气动换向阀中分几大类？举例说明各阀的作用。

4. 简述梭阀的工作原理。

5. 快速排气阀为什么能快速排气？

6. 什么是气动逻辑元件？按逻辑功能分为哪些种类？

13 气动基本回路与气动系统

气压传动系统与液压传动系统一样,也是由各种功能的基本回路组成。因此,熟悉掌握常用的基本回路是分析气压系统的基础。常见的气动基本回路按其功能可分为压力控制回路、方向控制回路、速度控制回路、增压回路及安全保护回路等。

【本章学习目标】
1. 掌握换向、速度和压力控制回路的组成及工作原理;
2. 掌握增压、延时、安全保护等回路工作原理及其组成;
3. 掌握气压夹紧系统、气液动力滑台气压传动系统工作原理及其组成。

13.1 压力控制回路

压力控制回路的功用是使系统保持在某一规定的压力范围内。常用的有一次压力控制回路、二次压力控制回路和高低压转换回路。

1. 一次压力控制回路

这种回路用于使储气罐送出的气体压力不超过规定压力。为此,通常在储气罐上安装一只安全阀,用来实现一旦罐内超过规定压力就向大气放气。也常在储气罐上装一电接点压力表,一旦罐内超过规定压力时,即控制空气压缩机断电,不再供气。

2. 二次压力控制回路

为保证气动系统使用的气体压力为一稳定值,多用如图 13-1-1 所示的由空气过滤器、

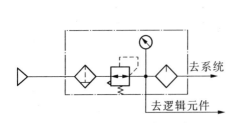

图 13-1-1 二次压力控制回路

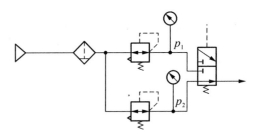

图 13-1-2 高、低压转换回路

减压阀、油雾器(气动三大件)组成的二次压力控制回路,但要注意,供给逻辑元件的压缩空气不要加入润滑油。

3. 高、低压转换回路

该回路利用两只减压阀和一只换向阀间或输出低压或高压气源,如图13-1-2所示,若去掉换向阀,就可同时输出高、低压两种压缩空气。

13.2 方向控制回路

1. 单作用气缸换向回路

图13-2-1所示为单作用气缸换向回路,图13-2-1(a)所示为用二位三通电磁阀控制的单作用气缸上、下回路,该回路中,当电磁铁得电时,气缸向上伸出,失电时,气缸在弹簧作用下返回。图13-2-1(b)所示为三位四通电磁阀控制的单作用气缸上、下和停止的回路,该阀在两电磁铁均失电时能自动对中,使气缸停于任何位置,但定位精度不高,且定位时间不长。

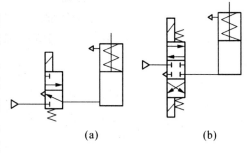

(a)   (b)

图13-2-1 单作用气缸换向回路

2. 双作用气缸换向回路

图13-2-2所示为各种双作用气缸的换向回路,图13-2-2(a)所示是比较简单的换向回路,图13-2-2(f)中还有中停位置,但中停位置定位精度不高。图13-2-2(d)、(e)、(f)中的两端控制电磁铁线圈或按钮不能同时操作,否则将出现误动作,其回路相当于双稳的逻辑功能,在图13-2-2(b)所示的回路中,当A有压缩空气时,气缸推出,反之,气缸退回。

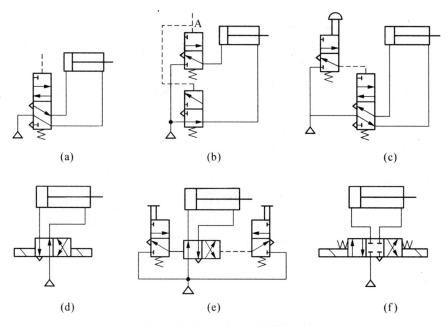

(a)   (b)   (c)

(d)   (e)   (f)

图13-2-2 双作用气缸换向回路

13.3 速度控制回路

由于气压传动的速度控制所传递的功率不大,一般采用节流调速,但因气体的可压缩性和膨胀性远比液体大,故气压传动中气缸的节流调速在速度平稳性上的控制远比液压传动中的困难,速度负载特性差,动态响应慢,特别是在负载变化较大、运动速度较高的情况下,单纯的气压传动难以满足要求,此时可采用气液联动的方法。

对于进口和出口节流调速的特点,气压传动和液压传动基本相同。

1. 单作用气缸速度控制回路

图 13-3-1 所示为单作用气缸速度控制回路。图(a)所示回路可以进行双向速度调节,图(b)所示回路采用快速排气阀可实现快速返回,但是返回速度不能调节。

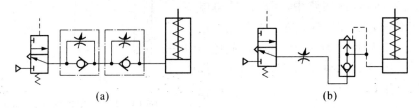

(a)   (b)

图 13-3-1　单作用气缸速度控制回路

2. 双作用气缸速度控制回路

图 13-3-2 所示为双作用气缸速度控制回路。这两个回路均采用回油节流调速,运动平稳性较进口节流调速好,能承受负值载荷。

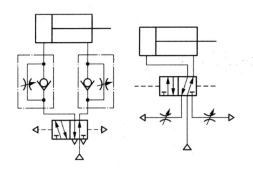

图 13-3-2　双作用气缸速度控制回路

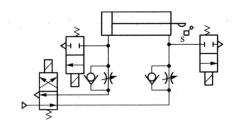

图 13-3-3　中间变速回路

3. 中间变速回路

图 13-3-3 所示为中间变速回路。采用行程开关对两个二位二通电磁换向阀进行控制。气缸活塞的往复运动都是回油节流调速,当活塞杆在行程中碰到行程开关而使二位二通阀通电,则改变了排气的途径,从而使活塞改变了运动速度。两个二位二通阀分别控制往复行程中的速度变换。

4. 快速往返回路

图 13-3-4 所示为快速往返回路。在快速排气阀 3 和 4 的后面装有溢流阀 2 和 5,当气缸通过排气阀排气时,溢流阀就成为背压阀了。这样,使气缸的排气腔有了一定的背压力,

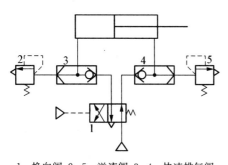

1—换向阀;2、5—溢流阀;3、4—快速排气阀

图 13 - 3 - 4　快速往返回路

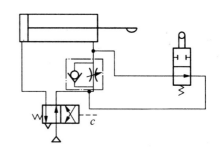

图 13 - 3 - 5　缓冲回路

增加了运动的平稳性。

5. 缓冲回路

图 13 - 3 - 5 所示是采用单向节流阀和行程阀配合的缓冲回路。当活塞前进到预定位置压下行程阀时,气缸排气腔的气流只能从节流阀通过,使活塞速度减慢,达到缓冲目的。此种回路常用于惯性力较大的气缸。

6. 气液转换速度控制回路

图 13 - 3 - 6 所示为采用气液转换器的速度控制回路。利用气液转换器1、2将气压变成液压,利用液压油驱动液压缸,从而得到平稳的运动速度。两个单向节流阀进行回油节流调速。在选用气液转换器时,要注意使其流量大于所对应的液压缸的油腔容积,保持一定的余量。

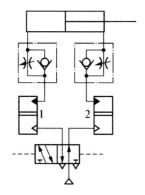

1、2—气液转换器

图 13 - 3 - 6　气液转换速度控制回路

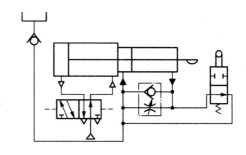

图 13 - 3 - 7　气液阻尼缸变速回路

7. 气液阻尼缸变速回路

图 13 - 3 - 7 所示为采用行程阀的气液阻尼缸变速回路。活塞杆向右快速运动时,当撞块压下机动行程阀后,液压缸右腔的油只能从节流阀通过,实现慢速运动。行程阀的位置可根据需要进行调整。高位油箱起补充泄露油液的作用。

13.4　其他控制回路

1. 增压回路

增压回路也称压力放大回路,当气压系统中的某一部分需要较高压力(超过气源压力)

时,则可用增压回路提高压力。

增压回路有各种形式,图 13-4-1 所示是由气液转换器和增压器组成的增压回路。图中 C 为带有冲头的工作缸,其工作循环为:快进→工进→快退,工作时,需要克服大的负载。

若电磁铁 1Y 通电,气源输出的压缩空气进入气压转换器 B 并使之输出低压油液,低压油液进入工作缸 C 上腔,使活塞杆快速运动,当冲头接触负载后,C 缸上腔压力增加,压力继电器动作输出信号,使电磁铁 2Y、3Y 通电。此时,增压器 A 输出高压油进入 C 缸上腔使其完成工进动作。二位二通电磁阀的作用是防止高压油进入气液转换器。若 1Y、2Y、3Y 都通电,则压缩空气进入 C 缸下腔使活塞杆快速退回。

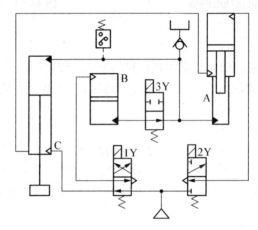

图 13-4-1　增压回路

2. 延时控制回路

(1) 延时断开回路　图 13-4-2 所示为延时断开回路。当按下手动阀 A 后,阀 B 立即换向,活塞杆伸出,同时,压缩空气经节流阀流入气罐 C 中。经一定时间后,气罐中压力升高到一定值,阀 B 自动换向(阀 B 中阀芯左端气压作用面积大于右端气压作用面积),活塞杆返回。调节节流阀开度可获得不同的延时时间。

(2) 延时接通回路　图 13-4-3 所示为延时接通回路。按下阀 A,压缩空气经阀 A 和节流阀进入气罐 C,一段时间后,气罐中的气压达到一定数值,使阀 B 换向,气路接通。拉出阀 A,气罐中的压缩空气经单向阀快速排出,阀 B 换向,气路排气。

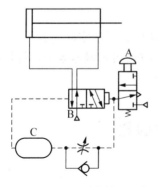

图 13-4-2　延时断开回路

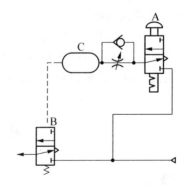

图 13-4-3　延时接通回路

3. 安全保护回路

由于执行机构的过载、执行机构的快速运动等原因,都可能危及设备或操作人员的安全。因此,在气动回路中,常加入安全保护回路。

（1）过载保护回路

图 13-4-4 所示为一过载保护回路。在活塞向右运动过程中,若遇到偶然障碍而过载时,气缸左腔压力将升高,当超过预定值后,即打开顺序阀 3,使阀 2 换向,阀 4 随之复位,活塞立即向左退回。待排除障碍后,按动阀 1,活塞重新起动向右运动。

（2）互锁回路

图 13-4-5 所示为一互锁回路。回路中主控阀(二位四通阀)的换向受三个串联的机动三通阀的控制。即只有在三个机动阀都接通时,主控阀才能换向,活塞杆才能向下伸出。

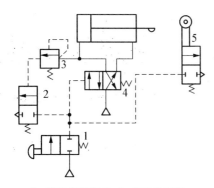

1—手动换向阀;2,4—气动换向阀;
3—顺序阀;5—行程阀

图 13-4-4　过载保护电路

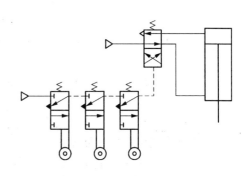

图 13-4-5　互锁回路

13.5 气动系统实例

气压传动技术的应用日趋普遍,本节仅介绍几个较简单的气动系统。

1. 气压夹紧系统

此系统是机床夹具的气动系统,其动作循环是:垂直缸活塞杆下降将工件压紧,两侧的气缸活塞杆再同时前进,对工件进行两侧加紧,然后进行钻削加工,最后各夹紧缸退回,松开工件。

图 13-5-1 所示是系统回路图,其工作原理如下:踏下脚踏阀 1,空气进入缸 A 的无杆腔,夹紧头下降与机动行程阀 2 接触后发出信号,空气经单向节流阀 6 进入二位三通气控换向阀 4(调节节流阀开度可以控制阀 4 的延时接通时间)。因此,压缩空气通过主阀 3 进入两侧气缸 B 和 C 的无杆腔,使活塞杆前进而夹紧工件,钻头开始钻孔。与此同时,流过主阀 3 的一部分压缩空气经过单向节流阀 5 进入主阀 3 右端,经过一段时间(由节流阀控制)后,主阀 3 右位接通,两侧气缸后退到原来位置。同时,一部分空气作为信号进入脚踏阀 1 的右端,使阀 1 右位接通,压缩空气进入缸 A 的下腔,夹紧头退回原位。夹紧头上升的同时,机动行程阀 2 复位,空气换向阀 4 也复位(此时,主阀 3 右位接通),由于气缸 B、C 的无杆腔通过阀 3、阀 4 排气,主阀 3 自动复位到左端接入工作状态,完成一个工作循环。此回路只有再踏下脚踏阀 1,才能开始下一个工作循环。

此回路还可用于压力加工和剪切加工。

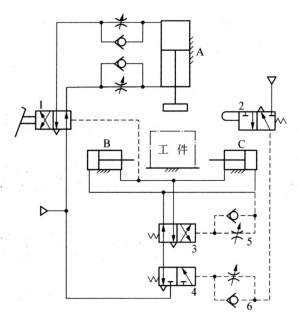

图 13-5-1 气动夹紧系统

2. 气液动力滑台气压传动系统

图 13-5-2 所示为气液动力滑台的气动系统原理图。该滑台以气-液阻尼缸作为执行元件,能完成两种工作循环。

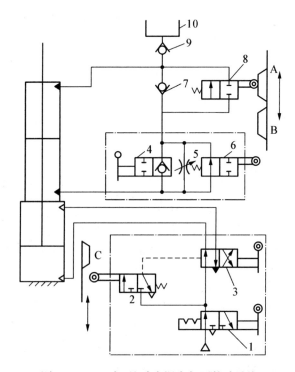

图 13-5-2 气-液动力滑台气压传动系统

（1）快进→工进→快退→停止

如图13-5-2所示，当将手动阀3切换到右位时，压缩空气经阀1、阀3进入气缸上腔，推动活塞下行，液压缸下腔中的油液经阀6、阀7回液压缸上腔，实现了快进；到挡铁B切换阀6后油液只能经节流阀5回液压缸上腔，开始了工进；当工进到挡铁C压下行程阀2时，输出气信号使阀3复位。此时，压缩空气进入气缸下腔，使活塞上行。液压缸上腔油液经阀8左位（当活塞下行时，挡铁A已将阀8释放）和阀4中的单向阀流回下腔，实现了快退；当挡铁A再次压住阀8时，回油路被切断，活塞停止运动。改变挡铁A的位置，就改变了活塞停止的位置；改变挡铁B的位置，就改变了快进和工进速度换接的位置。

（2）快进→工进→慢退（反向工进）→快退→停止

把手动阀4关闭时，就实现了这一双向进给程序。其快进、工进的动作原理与上述相同。当工进至挡铁C切换阀2时，输出信号使阀3切换到左位，气缸活塞上行，这时，液压缸上腔油液经阀8和节流阀5回到下腔，实现了反向进给。当挡铁B离开阀6后，回油可经过阀6左位，于是开始了快退，到挡铁A切换阀8时，活塞停止运动。

图中高位油箱10是为了补充液压部分的漏油而设的，一般可用油杯来代替。阀1、2、3及阀4、5、6分别为两个组合阀块。

小　结

与液压传动系统相同，气压传动系统也是由各种功能的基本回路组成。因此，熟悉掌握常用的基本回路是分析气压系统的基础。本章主要讲述了部分方向回路、压力回路、速度回路的基本原理特点及应用，结合实例分析了气压系统的组成原理及特点，起到举一反三的作用，为今后的气压系统使用和设计奠定基础。

习　题

1. 一次压力控制回路和二次压力控制回路有何不同？各用于什么场合？

2. 用一个二位三通阀能否控制双作用气缸的换向？若用两个二位三通阀控制双作用气缸，能否实现气缸的起动和停止？

3. 试为冲压机设计一气压系统。已知该冲压机有A、B两个气缸。A缸为夹紧缸，需要的压力较低；B缸为冲压缸，需要的压力较高且要快速冲压。要求画出系统原理图。

附 录

常用液压与气压元件图形符号
（GB/T786.1—1993）

一、基础符号

名 称	符 号	说 明	名 称	符 号	说 明
液压源	▶—	一般符号	消声器		气动
气压源	▷—	一般符号	直接排气		不带连接措施
电动机	Ⓜ		带连接排气		
原动机	Ⓜ	电动机除外	报警器	)))	气动
压力计			气液转换器		
液面计			行程开关		一般符号
温度计			模拟传感器		气动
流量计			转速仪		
压力继电器		一般符号	转矩仪		

二、管路、管路连接和管拉头

名 称	符 号	说 明	名 称	符 号	说 明
工作管路			组合元件线		
控制管路			快换接头		带单向阀
连接管路			快换接头		无单向阀
交叉管路			旋转接头		单通路
柔性管路			旋转接头		三通路

三、控制方法

名　称	符　号	说　明	名　称	符　号	说　明
火力控制		按钮式	电气控制		单作用电磁铁
		手柄式			双作用电磁铁
		踏板式	电机控制		旋　转
机械控制		顶杆式	压力控制		加压或卸压
		弹簧式			差动控制
		滚轮式			内部压力
					外部压力
加压控制		气压先导内控	卸压控制		电源先导外控
		液压先导外控			先导压力遥控
		液压先导二级内控			先导比例电控
		气液先导外控	外反馈		电反馈
		电液先导外控	内反馈		机械反馈
		电气先导外控			随动阀仿形控制回路
卸压控制		液压先导内控			

四、泵和马达

名　称	符　号	说　明	名　称	符　号	说　明
液压泵		一般符号	液压泵		单向
气马达		一般符号	变量泵		双向
定量泵		单向	定量马达		单向
定量泵		双向	定量马达		双向
变量马达		单向	传动装置		液压整体式
变量马达		双向	摆动马达		
定量泵马达					

五、缸

名　称	符　号	说　明	名　称	符　号	说　明
弹簧复位缸		单作用	缓冲缸		单向
伸缩缸		单作用	缓冲缸		双向
单活塞缸		双作用	伸缩缸		双作用
双活塞缸		双作用	增压器		

六、方向控制阀

名　称	符　号	说　明	名　称	符　号	说　明
单向阀			与门型梭阀		与门
液控单向阀			快速排气阀		
或门型梭阀		或门	二位二通换向阀		手动
二位三通换向阀		电动	三位四通换向阀		通用
二位五通换向阀		液动	三位五通换向阀		通用

七、压力控制阀

名　称	符　号	说　明	名　称	符　号	说　明
溢流阀		直动型	定比减压阀		
溢流阀		先导型	定差减压阀		
电磁比例溢流阀		先导型	顺序阀		直动型
卸荷溢流阀			顺序阀		先导型
减压阀		直动型	单向顺序阀		平衡阀
减压阀		先导型	卸荷阀		直动型
溢流减压阀			制动阀		
比例电磁式溢流阀		先导型	三位四通换向阀		电液动
			四通电液伺服阀		典型例

八、流量控制阀

名　称	符　号	说　明	名　称	符　号	说　明
节流阀		可调	旁通型调速阀		
单向节流阀		可调	单向调速阀		
消声节流阀		带消声器	分流阀		
调速阀			集流阀		
温度补偿调速阀					

九、辅助元件

名　称	符　号	说　明	名　称	符　号	说　明
油箱（垂直绘制）		管口在箱上	过滤器		一般符号
		管口在箱底	磁芯过滤器		
		管口在箱下	污染指示过滤器		
		加压或封闭	分水排水器		
空气过滤器			蓄能器（垂直绘制）		一般符号
除油器					气体隔离式

续　表

名　称	符　号	说　明	名　称	符　号	说　明
空气干燥器			蓄能器 （垂直绘制）		重锤式
油雾器					弹簧式
气源调节 装置			辅助气瓶		垂直绘制
冷却器			气罐		
加热器					